①比叡山を借景とするバラ園と沈床花壇

②観覧温室と鏡池。後方に京都北山の山並み　（提供・京都府立植物園）

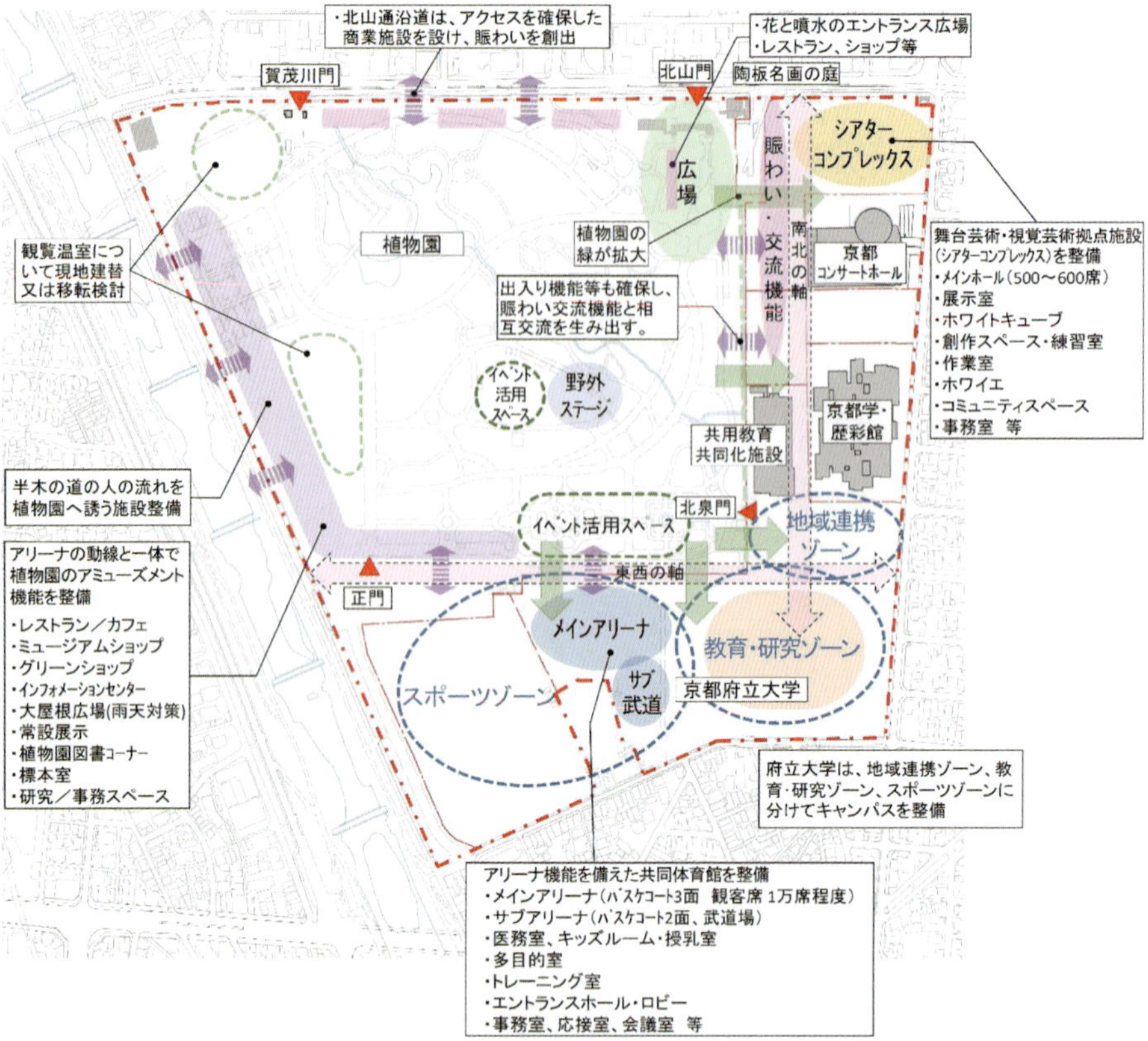

③2020年12月京都府「北山エリア整備基本計画」のイメージ図

④植物園とその周辺(京都府が「北山エリア」と名付けた地域)　(提供・京都民報社)

⑤署名活動スタート集会
賀茂川北大路橋東詰にて
（2021・5・22）

⑥植物園北山門前の
毎土曜日署名宣伝活動

⑦京都府による住民説明会 京都学・歴彩館にて（2021・11・8）　（提供・京都民報社）

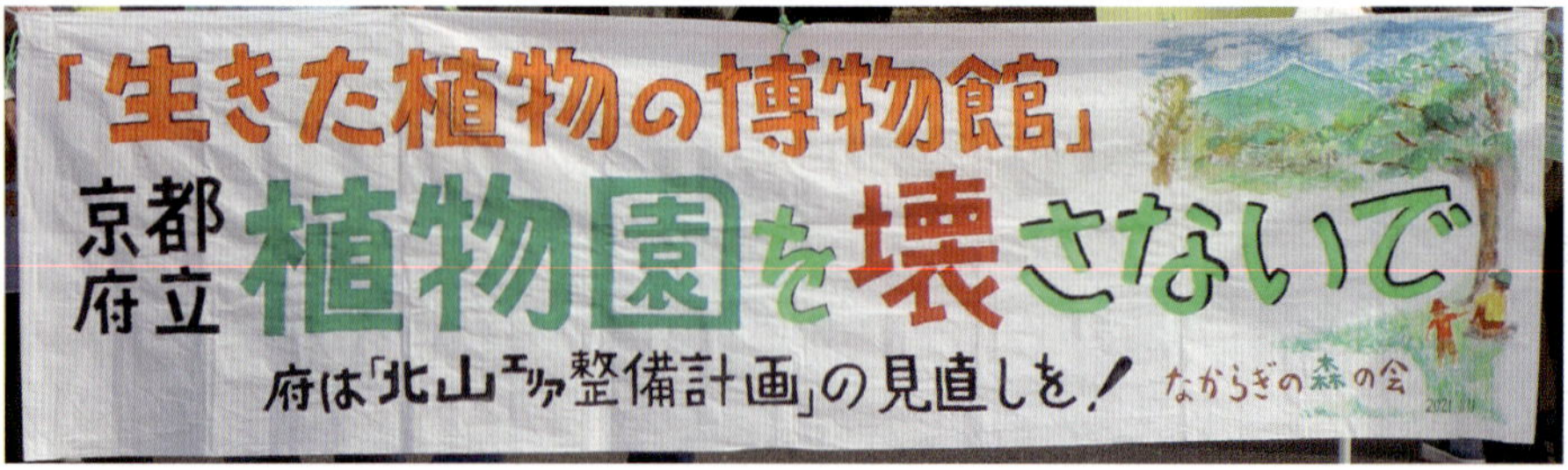

⑧手書きの横断幕

⑨ノボリ旗

⑩北山通りでの「府立植物園、守ろう！」
パレード（2022・3・13）
（提供・神谷潔氏）

⑪賀茂川北大路
「府立植物園、守ろう！」パレード

こうして京都府立植物園は守られた

市民が開くコモンズの未来

編著
なからぎの森の会

はじめに

それはパブリックコメントから始まった

二〇二〇年の初秋に、妻から「植物園がつぶされるみたい。京都府がパブリックコメントを募集しているので応募してくれないかと、Kさんが言ってきやはったで」と話がありました。パブリックコメント？　聞いたことはあったものの、それまで応募したことはありませんでした。京都府のホームページを探すと、「北山エリア整備基本計画（骨子案）」へのパブリックコメントの募集が見つかり、なんと応募期間は九月二九日から一〇月一九日までで、もう時間がありません。慌てて、「植物園をつぶさないでほしい、京都府立大学も維持してほしい」などと書いて送りました。

その後、京都府職員労働組合連合の役員や地元住民の方を中心にこの開発に関する学習会があることも妻から聞きましたが、私は時間が合わなくて参加できませんでした。そして、一二月に西脇京都府知事が「北山エリア整備基本計画」を発表したと、新聞記事で報じられました。小学校三年生の時にこの地に引っ越して以来ずっと親しんできた府立植物園と府立大学、旧総合資料館跡地が大きく開発されるらしい、歴史ある植物園、府立大学がつぶされる……。えらいこっちゃ……。

そうこうするうちに、二〇二一年一月に全国の植物の専門家による「京都府立植物園を守る会」

が作られて、その署名用紙が二月に回ってきました。全国の植物関係の方の並々ならぬ危機感が感じられました。また、三月には前年秋に学習会に参加した人びとを中心に「北山エリアの将来を考える会」が結成され、私も参加することにしました。「これは何とかしないといけない」、若いころ大学の恩師の一人から「人は人生に一度くらい立ち上がって、世のため人のために生きてみる時があるはずだ」と話を聞いたことがあり、「今こそその時だ」と思いました。そして、四月に私たち京都府立植物園を守る「なからぎの森の会」の活動が始まりました。それから三年半の間、市民の方々に支えられて活動を続け、京都府立植物園、京都府立大学は何とか守られることになりました。運動には残された課題もあり、まだ終りにはできないのですが……。

この活動を始めてみて、神戸市の王子公園、東京の神宮外苑や日比谷公園など、多くの「コモンズ（地域的共有資源、公共の土地や緑）が特定の企業の儲けのために大きく開発されようとしていることを知りました。

本書は私たち市民運動に関わったメンバーで手分けして書き綴った運動の記録であり、山あり谷ありの「物語」です。本書は植物園などコモンズの緑と水を愛しておられる方、コモンズを守る運動をしておられる方、これから運動を始めようとしておられる方への一つの参考になれば幸いです。

（鯵坂　学）

こうして京都府立植物園は守られた　目次

序章　いったい何が起ころうとしていたのか？

京都府立植物園がつぶされる

「小さなころから親しんできた京都府立植物園がなくなるかもしれない」、これは京都市民・府民・全国の京都府立植物園ファンにとって衝撃のニュースでした。京都府が出してきた「北山エリア整備基本計画」※（二〇二〇年一二月発表）は、植物園を実質的に出入り自由な緑化公園にして、隣にある学生数約二〇〇〇人の京都府立大学に一万人収容のアリーナをつくり、旧総合資料館跡地にはシアターコンプレックス（シネマコンプレックスではありません。劇場のようです）を建設して、この地域を「躍動する祝祭空間」にするとぶち上げていました。

費用総額は推定五〜六〇〇億円で、植物園と京都府立大学が機能停止し、京都府民には何のメリットもなく、巨額の借金だけが京都府民に残り、おそらく府外の大きな企業がごっそり利益を得て、地元企業はほとんど潤わないという構造が、後に明らかになっていきました。政府の方針で「スポー

ツ振興」の名のもとに、スタジアム・アリーナを全国に何十とつくる予定で、「国交省出身」の京都府知事の肝いり事業だったのです。

植物園は周辺の地域と隔絶され、しっかりと囲まれていることが絶対の条件です。犬や猫、鹿などが出入りしては植生がすぐ荒らされてしまいます。ですから、京都府の「出入り自由」化の計画は、実質的には「植物園をつぶす計画」と思われました。

府立植物園は、年間八〇万人以上が来園する日本一大きくて有名で、人気と学術的な価値の高い植物園です。京都府民とともに全国に強烈なファンが存在する特別な植物園です。二〇二四年が開園一〇〇周年でしたが、世界には五〇〇年の歴史があるイタリアの植物園や、二七五年の歴史を持つイギリスの世界遺産キュー王立植物園など、二〇〇年以上の歴史がある植物園が多数あります。京都府立植物園はまだまだ成長期の段階です。それが時の知事の意向でこんなに簡単につぶされてしまっていたら、日本に植物園など定着できません。

※「北山エリア」とは、京都府が植物園とその周辺につけた造語です。一般には全く存在しない言葉です。

京都府立大学と地域がつぶされる

京都府立植物園の南に隣接する京都府立大学の下鴨キャンパスの敷地は、わずか一〇・四ヘクタールです。全国に八〇〇以上ある大学の中でも相当狭いほうで、学生はわずか二〇〇〇人。そこに一万人収容のアリーナをつくったら、酔客の相手なども含めて大学が対応できるはずがありません。「荒唐無稽」な計画は大学存亡の危機でした。京都府は老朽化した体育館を放置しておいて、アリーナならばつくってやると半ば脅してきたのです。

アリーナ建設予定地は府立大学構内ですが、植物園のバラ園の南側に面しています。アリーナの高さは二〇メートルもあるので、人工物の見えない植物園の景観が台無しとなります。植物園への日光と風を遮断して植物園全体への悪影響も考えられました。

さらに、アリーナ建設となれば、工事車両の出入りなどで地域に大きな負担がかかります。建設後には一万人が住宅地付近に押し寄せます。ほとんどの観客は地下鉄北山駅からやって来ることが予想されますが、北山駅の乗降客は二〇二二年時点で一日一万三〇〇〇人です。そこに一時に一万人、乗下車合わせて二万人が上乗せされるとなると、駅のキャパを超えてしまいます。

「喰われる自治体」――コンサルタント会社の暗躍

アリーナの建設費は当初は一五五〜一七五億円でしたが、のちにはこれが三九二億円に膨れ上がるのですから驚きます。この「北山エリア整備基本計画」のもととなる計画を作成したのは、東京のＫＰＭＧという多国籍企業と、その傘下にある有限責任あずさ監査法人という大手の公認会計士事務所です。コンサルタント業務もするそうですが、「コンサルティングって何?」と二〇二一年当初に感じた疑問は、二〇二四年になって氷解しました。

経済雑誌『週刊東洋経済』が二〇二四年五月一一日号で、「喰われる自治体――溶ける地方創生マネー、コンサルが行政を支配 地方創生の虚構」と表紙いっぱいに書き出して特集しました。誰でも比較的簡単に「コンサルタント」を名乗れること、行政が専門性を失ってコンサルタントへ業務を丸投げするなど、最近の地方行政とコンサルタント会社の関係の問題点を追及しています。

反対しても、もう手遅れではないのか

北山エリア開発の動きについては、京都府職員労働組合連合（以下、府職労連）がずいぶん早くから把握しており、二〇二〇年九月の京都府による開発計画へのパブリックコメント募集時には、コメントの投稿を呼びかけていました。同年一二月に京都府から「北山エリア整備基本計画」が発表されると、すぐに労働組合主催のシンポジウムが左京区役所を借りて開かれました。年が明けた二〇二一年一月には、兵庫県三田市在住の植物の専門家が「京都府立植物園を守る会」を立ち上げ、「日本一の京都府立植物園でさえつぶされるのならば、日本中の植物園に明日はない」と、計画に反対する署名を始められました。地元京都では、反対運動の中心となる連絡会「北山エリアの将来を考える会（北山エリアの会）」を府職労連などが組織し、計画全体の見直しを求める署名もできてはいましたが、この署名はまだ進んでいませんでした。

京都府側は何年も前から京都府・銀行・企業による会合を重ねており（府民の多くはその事実を知らされていませんでした）、計画もすでに発表されていて、今さら反対運動をやっても手遅れではないのか？という意見や、植物園・アリーナ・シアターコンプレックスという京都府による三方面同時攻撃の前に、なにから手を付けたらいいのかわからず、「ほぼ絶望的」と思った方もいました。植物園や京都府立大学の関係者には大きな動きもなく、地域住民の活動こそが期待されましたが、まだなんの動きもありませんでした。実際には驚くほどずさんな内容の「北山エリア整備基本計画」でしたが、当時は「巨大な壁」に見えました。

この状況をどうするのか？この絶望の中でも一条の光をたどる人たちはいました。「植物園だけでも守ろう。これならば多くの人の共感を得られるはずだ」と、植物園を守ることに特化した運動組織をつくる方針が出ました。今から考えると、これは「決定的な判断」であったと言えるでしょう。「ともかくやれることをやってみよう」と絞り出した戦略でもありました。

「なからぎの森の会」の発足――集まった署名は一六万筆

「なからぎの森の会」※発足にあたり、たくさんの人びとに声をかけた結果、一二名もの世話人会ができました。この会がその後の爆発的な署名活動や旺盛な宣伝活動の中心となっていきました。

正式名称は「京都府立植物園整備計画の見直しを求める会」ですが、「なからぎの森の会」を別称としました。京都府立植物園は、京都人にとってはめずらしく「ふるさと」の香りのある特別な存在です。それを守るために損得抜きで集まったメンバーは、「パブコメ」も「コンサル」も知らない素人集団でした。植物園に特化した署名をネットと紙でともかくも始めてみました。二〇二一年四月のことです。

ネット署名は始めた途端に爆発的にヒットして、二日目までに一万筆、二週間後には四万五〇〇〇筆と、予想もしない展開を見せました。さらに、紙署名を植物園北山門前で始めてみれば、五つの署名机に数名ずつの行列ができる事態となりました。「行列のできる署名」はたぶん一生に一度の経験となりそうです。他団体の署名も含めて署名総数は最終的に一六万筆に達しました。「やれることはすべてやる。すぐやる」の方針で突き進みました。思いもよらぬ展開が次から次へと待っていましたが、大きく方針を間違えることはなかったと思います。それがなぜできたのか、次章から順にお知らせしていきたいと思います。

（吉澤喜代一）

※京都府立植物園内には「なからぎ神社」があり、その周りの小さな森が「なからぎの森」です。

第一章　京都府の「北山エリア整備基本計画」って！

第一節　「北山エリア」？

京都府の開発計画を紹介する前に、北山エリアとはどこにあり、どんな場所なのかについて少し紹介しておきます。「北山エリア」とは、京都府がこの開発で左京区中部の地域に付けたイメージ・ネームです。京都府が「北山エリア」と呼称したこの地域は、平安京以前からあった世界遺産上賀茂神社と下鴨神社との間に位置し、賀茂川の河川敷により京都御苑につながる緑地空間で結ばれています。今も植物園内に上賀茂神社の末社である半木社《なからぎ》が鎮座しています。現在は、京都駅から地下鉄に乗ると一六分で着く北山駅が最寄駅で、この一帯が北山エリアということになります。植物園の西を流れる賀茂川の堤にある枝垂桜の植えられた「なからぎの道」は、桜の名所として有名です。

一九一八（大正七）年にこの地は市域拡大のために京都市に編入され、区画整理事業によって左京区の文教住宅地として整備されてきました。そして、住宅地の西隣に府立農林学校と農業試験場（京都府立大学の前身）の移転が計画され、なからぎの森を含む田畑二四ヘクタールを京都府が買

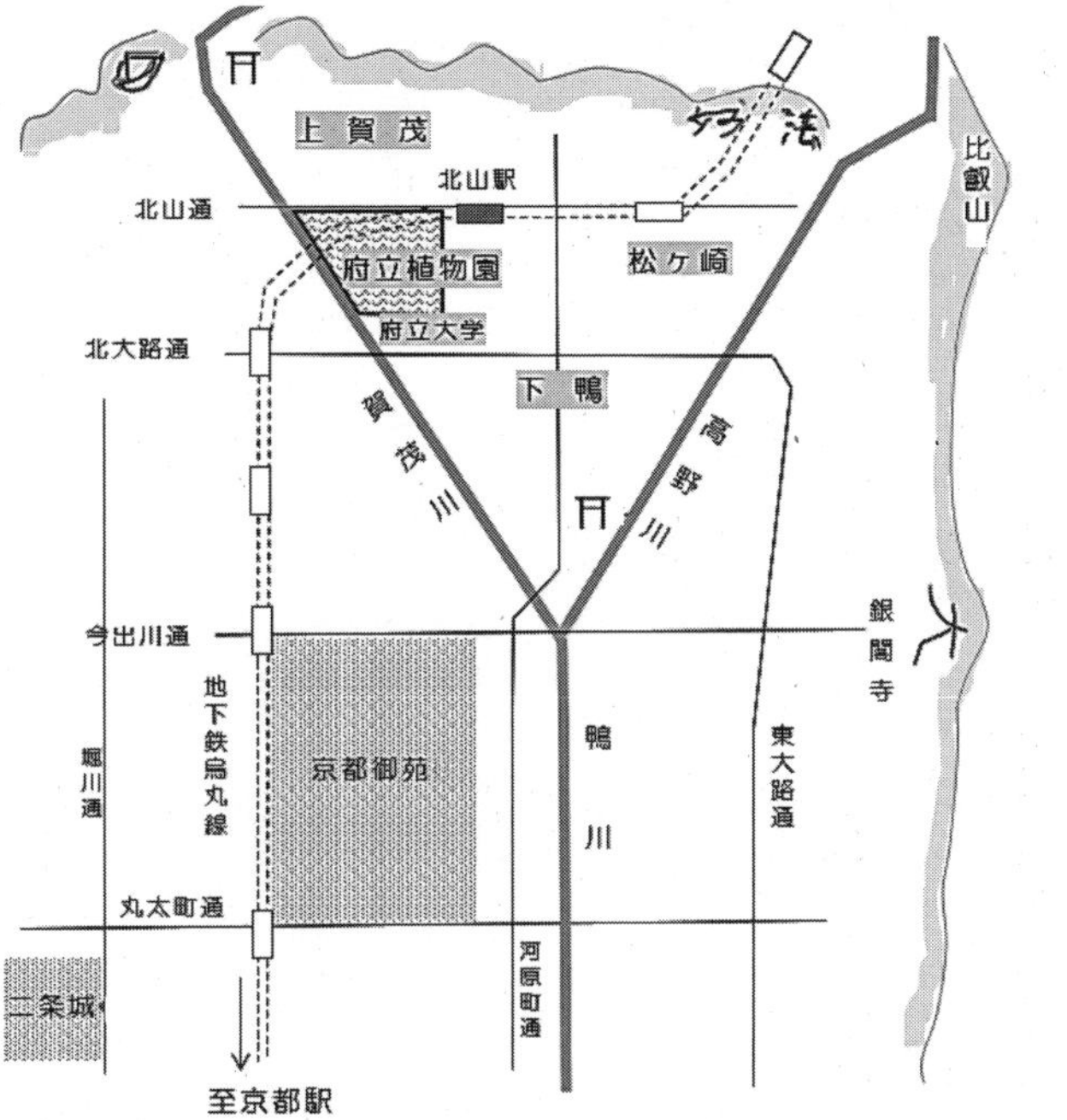

図表1　植物園・府立大学などの入った地図

収しました。一九二四（大正一三）年にはこの地に日本で初めての公立総合植物園が作られることになりました。

この植物園や府立大学の周りは京都市北部の郊外住宅地として次第に発展し、一九八一年に市営地下鉄が延伸されて「北山駅」が開業し、商店も増えて、京都駅までのアクセスも良い利便性の高い地域となりました。京都市の土地利用計画では、植物園と府立大学は第二種中高層住居専用地域で、建物の高さはそれぞれ一二メートル、二〇メートルに制限され、周りの住宅地は第一種低層住居専用地域で、高さは一〇メートルとされています。さらに、一九六三年には京都府立総合資料館（二〇一七年に京都学・歴彩館として近くに新築移転）、二〇〇二年には京都市立コンサートホール、二〇一〇年には府立陶板名画の庭が建設されました。また、一九九四年には植物園の北側を通る北山通に面して茶道の表千家北山会館が建てられて、京都市内でも有数の文教地域の一つとなっています。その中で旧総合資料館跡地の利用も課題となっていました。

この北山エリアにある府立植物園はさまざまな機能・目的をもっています。府・市民にとって、植物園は憩いの場所、花と緑を楽しむ所、草花や樹木や自然環境を学ぶ場、貴重な植物を保全・育成する場所といわれることが多いのです。一般の都市公園や緑地帯、テーマパークとも違う点は、植物や自然環境について学ぶことができることです。元園長の松谷茂さんは府立植物園の最も大切な機能を「生きた植物の博物館」(松谷茂　二〇一一)という言葉で表しています。ですから、園内にはレストランもあり、お弁当は食べられますが、お酒は飲めません。芝生地で駆け回ったりはできますが、ボール遊びや縄跳びはできません。

私はこの園のすぐ近く(徒歩六分)で育ち、小・中・高校時代には、写生大会や植物の見学会で毎年のように訪れました。また、草花好きの両親に四季ごとに連れて行ってもらった思い出がありま す。定年退職した近年は、家族や孫たちと毎週のように園を訪れています。園を訪れると、散策したり、子どもを遊ばせたりする市民を見かけます。また、植物園内の会館などで植物の講習会や植物の展示会などもあります。職員に案内されて、植物のことを学び楽しむ人びとの姿が見られます。大芝生地に腰を下ろして風景を見渡すと、樹々と空、北山、東山の山々だけで建築物はほとんど目に入りません。風の音、鳥の声を聞いてほんとうに心が和みます。そこに京都府による「北山エリア整備基本計画」というとんでもない計画が起こりました。

第二節　京都府による植物園・北山エリアの開発計画

開発の背景

私たち府民・市民から見ると、二〇二一年春に突然この開発計画が現れたのでしたが、よく調べてみると、かなり前からその動きがあったことがわかりました。市民の知らないうちに、開発者は虎視眈々と広大な府有地（コモンズ）の開発を狙っていたのです。

二〇一九年一一月のスポーツ庁「スタジアム・アリーナ改革について」（次ページ参照）では、全国に三六の大規模なアリーナ・体育館の建設計画が提起されており、そのなかに「京都府立大アリーナ」の建設計画がすでに明記されていました。

二〇二〇年九月二九日〜一〇月一九日に京都府が「北山エリア整備基本計画」（骨子案）について意見を募集（パブリックコメント）して、五五人から回答があったようです。この計画については、私たち近隣住民には翌二〇二一年三月末に、植物園・府立大学近くの左京区葵学区内の約半分の地域に、回覧板で周知されただけでした。

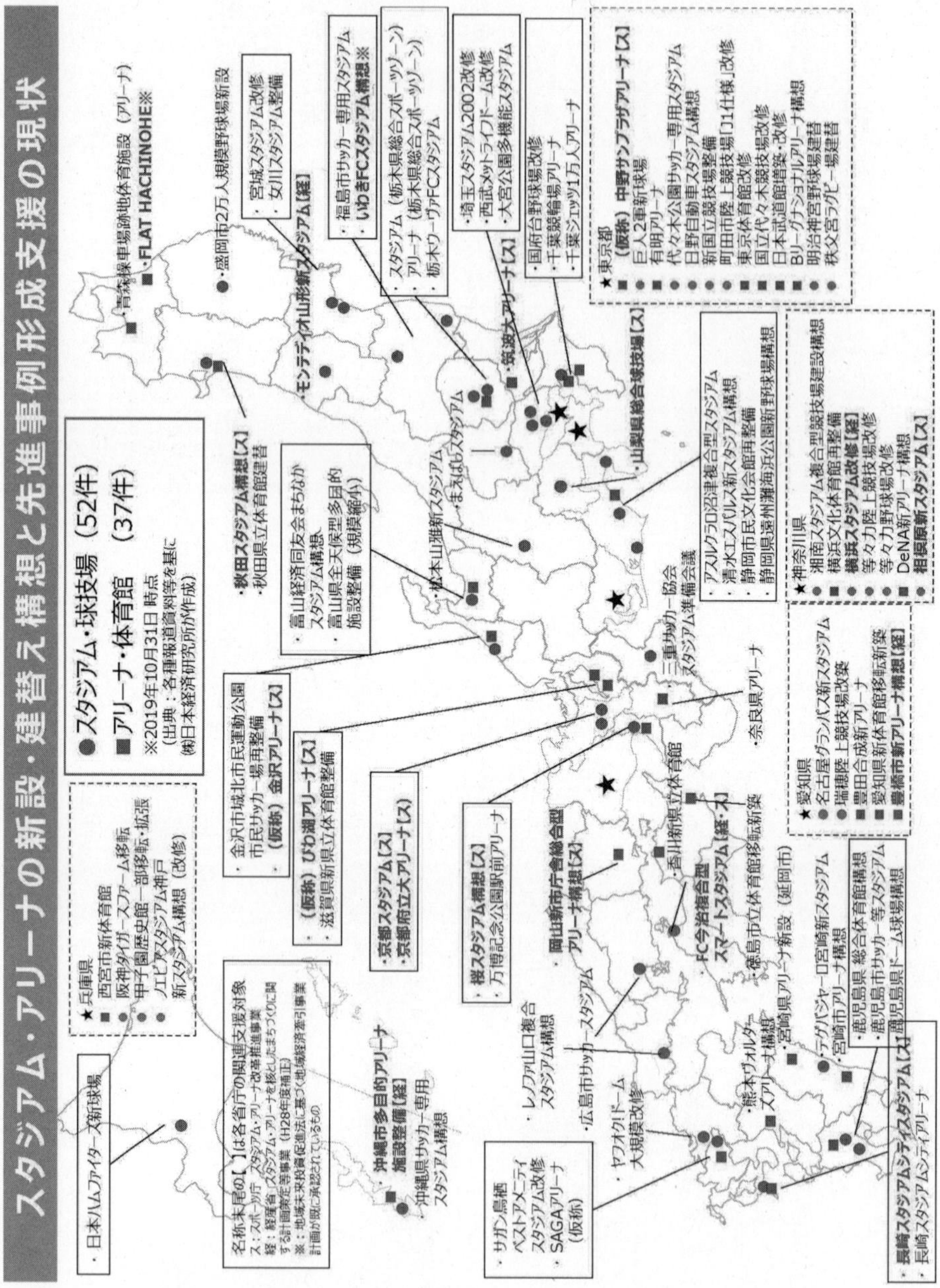

図表 2　スポーツ庁（2019）「スタジアム・アリーナ改革について」より

整備基本計画の狙いとその問題点　——賑わいづくり、祝祭空間など……

この計画はA四版・一六ページに及ぶもので、府立植物園・府立大学・旧総合資料館跡などの府有地を大きく改変する計画であり、このエリアを人流が回遊できるように出入り自由な空間＝「躍動する祝祭空間」にすることが基本コンセプトとされていました。そのために、エリアの諸施設を一体とした開発がめざされていました。

植物園については、周りの垣根をなくして人びとの回遊を促し、賑わいを創出するような計画です。具体的には北側の北山通や西側の「なからぎの道」の垣根や樹木を切って、入園者が出入りできるようにし、そこに商業施設を作るという計画です。結果として、植物を育てる産院・養育院であるバックヤードの面積が縮小される危険がありました。また、垣根が取り払われると、犬や猫、鹿などの動物が侵入し、園の植物の維持が難しくなります。南側の正門側にはレストラン・カフェを併設した建物を作り、アリーナの動線と一体になってアミューズメント機能が整備されます。さらに、中央の大芝生地には野外ステージを作ってイベントができるようにし、虫の音、鳥の声が聴こえる自然環境が壊される可能性がありました。府立大学に近い南端のバラ園には「イベント活用スペース」が作られると書かれてありました。

また、府立大学（学生数約二〇〇〇人）の老朽化した体育館を建て替える名目で、大学の真ん中に一万人規模の商業アリーナを建設することになっていました。こうなれば、毎週末にアリーナで多くの民間イベントが実施され、大学の教育・研究環境には大きな障害が生ずると推測されました。さらに、すぐ北隣の植物園の南端のバラ園には先述した「イベント活用スペース」が作られ、大学との間の垣根は除かれて出入りが可能となり、アリーナの入場者たちがここにあふれ出すことも推察されました。

旧総合資料館跡地には、シアター・コンプレックスとともに商業・コンベンション施設や宿泊機能（ホテル）を備えた施設が建設される計画でした。この地域は都市計画上の用途としては全体として住居専用地域に指定されており、イベント施設やホテルなどは建てられないことになっています。府は、用途制限に違反することを承知の上で建設計画を提示していると思われました。（グラビア③参照）

北山エリア整備事業手法等検討業務報告書とPFIによる開発

府はこの計画推進のためにコンサルタント会社に検討を委託し、外資企業ＫＰＭＧが二〇二二年一月に「北山エリア整備事業手法等検討業務報告書」（以下「報告書」）を府に提出しています。この「報告書」は私たちの要求により三月末に京都府のＨＰでようやく公表されましたが、ここには事業収支シミュレーションなどの全体的な計画の内容や財政分析が明記されています。また、共同体育館（アリーナ）[※]、植物園、旧総合資料館跡地利用の詳細な事業手法や事業費のシミュレーションなど、総計一五〇ページを超える重要な政策が記載されていました。

特に事業収支の三つの想定がなされていましたが、そのすべてのケースにおいて収支は赤字でした。そして、府立大学の真ん中に建てられるアリーナは、大学校舎群と比べてもあまりにも巨大であることがわかりました。一万人の観客の地域内の移動や、数百人から一〇〇〇人を超える参加者・スタッフの往来、大型車による機材などの運搬について、植物園や大学キャンパスをまたぐ動線も明記されていました。

また、この「報告書」では、六五〇億円にも及ぶ巨大なプロジェクトを府の財政だけではなく、PPPやPFIの手法[※※]を用いて民間資金の導入が企図されていました。府立大学内に建設予定の巨大アリーナを例に考えると、年間七五日にわたって、スポーツ大会、音楽イベント、MICEの会合などが計画されていました。府は学生の利用を優先するとしていましたが、民間の営利企業がこのアリーナの運営に携わると、「利益」を追求する以上、イベントなどの民間の利用を優先し、学生の利用が制限されかねないと思われました。結局、アリーナの建設や運営にかかわる企業が儲ける一方で、公共の土地や資本が利用されて、府財政の無駄遣いにつながることも危惧されました（尾林芳匡他編　二〇〇九）（横田茂　二〇一八）。

※京都府は、大学内や府議会ではこの施設を京都府立大学・京都府立医科大学・京都工芸繊維大学の三大学で使う共同体育館であると説明し、その一方で、外部には「アリーナ」というイベント施設として広報しています。

※※官民が連携して公共サービスの提供を行うスキームをPPP（パブリック・プライベート・パートナーシップ：公民連携）と呼びます。PFI（プライベイト・ファイナンス・イニシアティブ）とは、PPPの代表的な手法の一つで、公共施設等の設計、建設、維持管理及び運営に、民間の資金とノウハウを活用し、公共サービスの提供を民間主導で行うことです。二〇世紀末にイギリスではじめられたが、参入してくる民間の事業者は利益をあげる必要があり、公共サービスに応用できるかどうかは、疑問です。

第三節　私たちの危惧

「基本計画」や「報告書」に描かれた開発が行われれば、植物園は単なる「都市公園」か「テーマパーク」となり、多数の観客による「賑わい」によって、自然環境や教育環境が大きな影響を受ける可能性も判明しました。近隣住民にとっても、騒音・雑踏、交通渋滞の発生など、閑静な住環境の悪化が懸念されました。そこで、私たちは、植物園の静寂の中にあえて「人流」や「賑わい」をつくることは不要だと考え、歴史を積み重ねてきた「生きた植物の博物館」で社会教育施設としての植物園を後世に残すことを切に願っていました。また、一〇〇年以上の歴史を持つ京都府立大学も、このような巨大なアリーナが学内に建設されれば、混雑問題や治安の問題も含め、教育・研究環境の悪化が懸念され、大学としての存亡にもかかわる問題ではと感じました。
これは文化と自然薫る北山地域の危機であり、京都の歴史と文化環境が壊されるのではないかと多くの人びとが感じ、それぞれの立場から、それぞれの方法と表現で抵抗に立ち上がったのでした。

（鯵坂 学）

参考文献

桜田通雄（二〇一八）「大典記念京都植物園、創設とその背景─初の公立大規模総合植物園の誕生史─」『日本植物園協会誌』第五三号
松谷茂（二〇一一）『打って出る京都府立植物園』淡交社
尾林芳匡他編　（二〇〇九）『ＰＦＩ神話の崩壊』自治体研究社
横田茂（二〇一八）「社会資本民営化策とその限界」『関西大学商学論集』第六三巻第一号

第二章　ようこそ、京都府立植物園へ

第一節　花と緑の記録・一〇〇年の歩み

植物園の今日までの歴史

京都府立植物園（当初は大典記念京都植物園）が開園したのは関東大震災の翌年、一九二四年のことです。二〇二四年一月一日にちょうど一〇〇周年、日本の公立総合植物園として最も古い歴史をもっています。その歴史を語る時、大いに参考になる資料があります。それは府立植物園開園五〇周年の時に、京都府が「府政だより資料版」に連載した『花と緑の記録』です。筆者の駒敏郎氏による味わい深い文で、府立植物園の歩んできた道のりが開園から五〇年の物語に綴られていえます（この資料は今でも京都学・歴彩館に行くと閲覧できます）。この資料を参考に、簡単にその歴史を紹介しましょう。

設立の事情

開園の一一年前にあたる一九一三年、今の植物園の土地は上賀茂と下鴨の中間にあたる当時は中賀茂と呼ばれた賀茂川左岸の広大な土地でした。京都府はこの土地を「大典記念内国博覧会会場予定地」として購入したのですが、経済的状況から計画が中止となります。そこで、当時の京都府大森知事は、京都には図書館・動物園ができていたが植物園がないので、この土地を植物園にと提案しました。と言っても、ここは賀茂川の氾濫地帯で肥沃な土壌は洗い流され、石ころ河原の上に薄く土が乗っている状態で、植物の根が真っすぐ深く伸びず、横に広がらざるをえない、決して樹木などの生育に良い場所ではありませんでした。植物園建設の膨大な造園費用の捻出に行き詰まった時に、三井家同族会から総額五五万円（現在の金額に換算すると数百億円）の寄付が申し入れられました。

今で言う官民連携は「儲け」が絡みますが、この寄付は純粋なものでした。当時は重機もなく手作業で整備されました。

昭和初期　正門前、奥は大正記念館
（写真提供・京都府立植物園）

大正２年ごろ「大典記念博覧会予定地調査」
奥に見えるは「なからぎの森」
（写真提供・京都府立植物園）

開園から敗戦まで

一九二四年一月一日に「大典記念京都植物園」の名称で洛北の地に有料開園しました（当時基本設計を行ったフランス人技師と寺崎技師は、それぞれ新宿御苑と明治神宮も設計しています）。しかし、一九三四年九月二一日の室戸台風、翌年の六月二九日の賀茂川大洪水などによって、大きな植物被害を受けてから復旧するなど、自然災害にどのように向きあっていくのかが課題となりました。

第二次世界大戦が激化すると、開園以来のシンボルであった初代観覧温室は、ガラスが反射して敵の攻撃の的になるなどの理由で解体され、戦争末期になって食糧難が深刻になると、植物園の大芝生地は農園として貸し出されて野菜づくりが行われました。

占領下の苦しみ

敗戦間もない一九四六年九月、植物園は連合軍の駐留に伴う軍の家族用住宅地として接収され、その結果、当時二万数千本あった樹木の約七割が伐採され、また、池が干されて水生植物が全滅するなど、園内の景観は大きく変化しました。接収後一九五七年までの一二年間は府民が植物園に入ることすらできませんでした。

そして、一九五七年一二月一二日に形式上連合軍から全面返還されることになりました。返還に

園内連合軍住宅地へ
（写真提供・京都府立植物園）

図表１　連合軍住宅

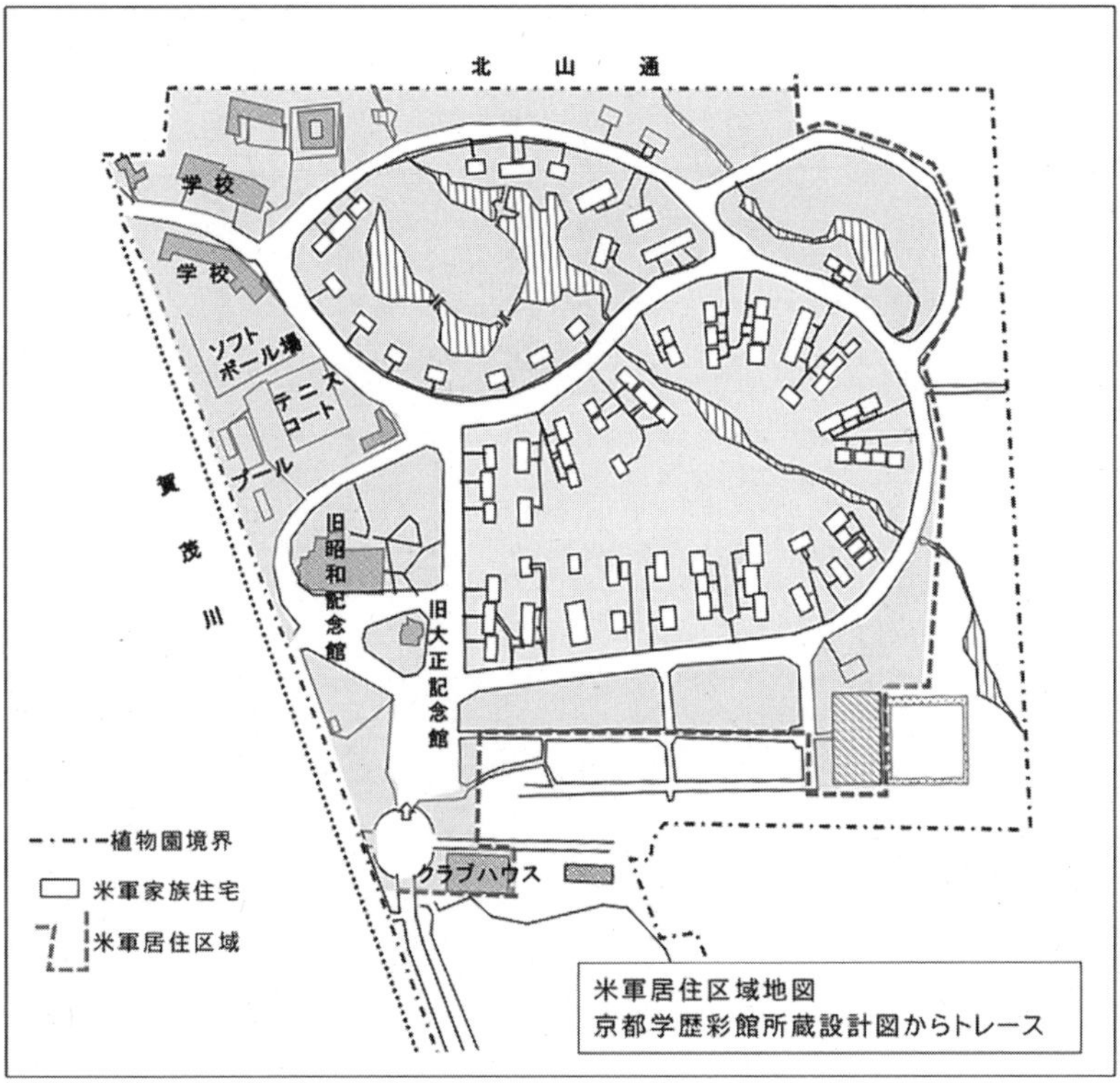

際して、当時の蜷川知事は「つわものどもの夢の跡はいっさい要らない。持って帰ってもらおう！」と述べ、「それは、文化施設を軍靴で踏みにじった者に対するやるかたない憤懣が吐かせた言葉であり、府民のすべてが心に思っていたことでもあった」と、「府政だより」の資料版（一九五号、一九七二年三月一日）に記されています。返還後は植物園機能が失われて、とても再開できる状況になく、植物園は絶滅の危機に直面しましたが、それでも植物園関係者は復活に向けて懸命の努力をし、二年間の春と秋のシーズンに短期間の無料開園を行って府民に公開するとともに、アンケートをとりました。府民の主な意見として、①「一日も早く昔の植物園に復元せよ」、②「有料でよいから早く開園せよ」、③「公園化せず純粋な植物園にせよ」があり、これらが八〇％を占め、この府民の声の後押しは大きく、また、日本植物園協会や府議会の賛同も得られ、再開園に向けて動き出しました。

連合軍の接収後、名実ともに京都府へ返還されたのは一九五八年一二月二六日でした。一九六一年四月二四日にドーム型の温室（第二代目）が竣工し、「京都府立植物園」と改称、開園式が開催されました。その後は、「生きた植物の博物館」として整備が進められていくなかで、二〇〇五年、突然サッカースタジアム建設場所の候補地の一つとして京都府立植物園の名前が新聞に記載され、植物園職員一同大変驚いたことも思い出します。近年では、二〇一七年、二〇一八年の二年連続の台風二一号によって景色が変わってしまうほどの大被害を受けて、数日間休園しました。（一三四

ページ　西原元副園長さんのコラム参照）

それでは、現在の植物園をご案内しましょう！

植物園に入る正門は開園当時の門で歴史を感じます。園内に入って間もなく西側に大典記念京都植物園設立記念碑があります。この記念碑は一九二八年につくられ、植物園ができるまでの経緯と、特に「三井家同族会」から多額の寄付があったことなどの詳細が刻まれています。その北側には、未来くん広場に設置された「きのこ文庫」があります。子どもたちに樹木に囲まれて自然の木漏れ日の中で、きのこ形の収納庫に収められている絵本などを自由に楽しんでもらえる場所です。

その北側には、一九九二年四月に竣工した三代目観覧温室があります（グラビア②参照）。北山連峰の山並みや池に浮かぶ金閣寺の意匠を取り入れた外観です。温室内は回遊式で約四五〇〇種類、約二万五〇〇〇本の植物が展示さ

大典記念京都植物園設立記念碑

1961 年 4 月 24 日 二代目観覧温室竣工式
（写真提供・京都府立植物園）

れています。室内は八つのゾーンで構成されていて面積は四六九四平方メートル、国内有数の大きさを誇り、延長四六〇メートルに及ぶ回遊式の通路を進むと、熱帯地域に生育するさまざまな植物を鑑賞できます。国内初開花の植物もたくさんあり、代表的な植物として、アフリカバオバブ、奇想天外があり、二〇二一年七月にはショクダイオオコンニャクが京都府立植物園で初めて開花（全国二一例目・関西二例目）しました。さらに、二〇二四年八月に前回初開花したショクダイオオコンニャクが二回目に開花しました。

　そこから東側に向かうと、クスノキ並木があります。東西約二〇〇メートルにクスノキが植栽されています。川端康成氏が小説『古都』の執筆取材のために何度も訪れた所です。夏はこの並木にたたずむと、体感的にも涼しさを感じます。

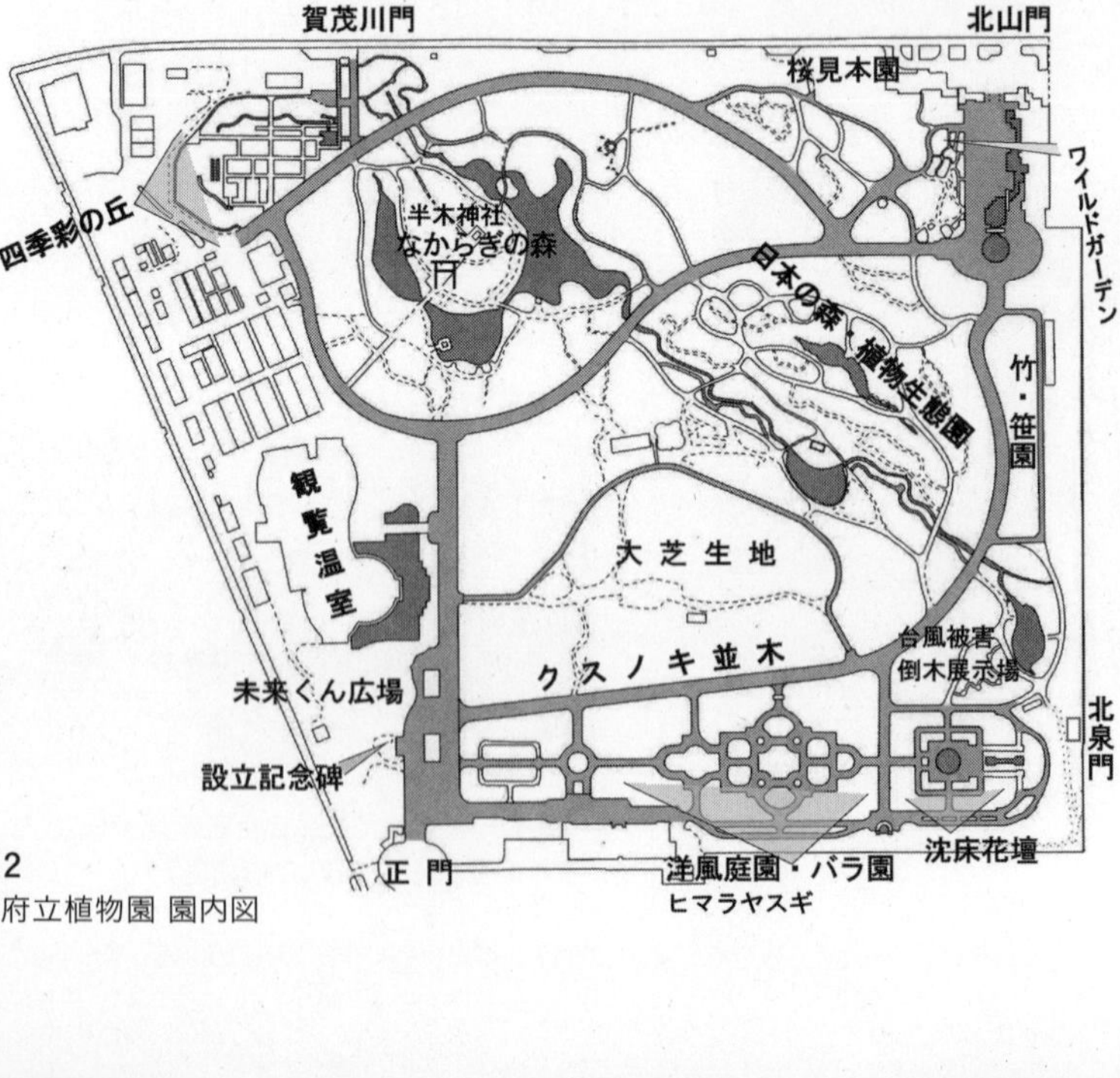

図表2
京都府立植物園 園内図

そこから南側に向かうと、植物園会館があります。二階からのバラ園の眺望（グラビア①参照）は、比叡山をバックに開園当時から植栽の樹齢一〇〇年を超えるヒマラヤスギなどからなる園内随一のビューポイントで、バラ園を中心とした花壇から園内で最も低地となる沈床花壇へと連なり、洋風庭園を形成しています。バラ園は約三二〇品種・一四〇〇株が植栽・展示され、その中でも京都シリーズの「金閣」や「大文字」などが人気です。沈床花壇は多くの新品種の草花を展示して美しい景観を作り出しています。紹介されている新品種の草花には、欧米の著名な品種審査会「ＦＳ」「ＡＡＳ」の表示ラベル※がついています。その北側に、台風被害で倒れたヒマラヤスギの大木を学習教育の目的で展示しています。自然災害の脅威と、年数とともにバクテリアなどで分解され土に還る様子を、長い年月をかけて見てもらう展示場所としています。

そこから西側に向かうと、植物園のほぼ中央部に当たる大芝生地があります。この中心部に立って三六〇度ぐるっと回ってみましょう、四方を見渡せて、風の音、樹木の揺れ、野鳥のさえずり、植物の香りなど、五感で安らぎを感じさせる場所となっています。家族でお弁当を広げたり、子どもた

クスノキ並木

ちが芝の上をかけっこしたり寝転がったりできます。冬に園内に雪が積もれば、雪だるまがあちらこちらに見られます。ひと昔前までは、学生さんが新歓コンパなどでハンカチ落としなどをしているのをよく見かけました。お年寄りはその周辺の木陰でのんびりと寛げる癒しの場所です。

その北側に日本の森植物生態園があります。第四代園長の麓次郎氏は、植物園は生きた植物の知見を得る貴重な場であり、まずは身近な植物を知ることが大事であるとして、「一〇〇年後のために生き生きとした植物園を作らなければいけない」と、再開園後の京都府開庁一〇〇周年記念事業として「日本の森」の整備計画を進めました。ベルリンの植物園を視察した際に自国の植物を大切にしていることに感動し、ふるさとの草木を収集した森を植物園で再現したかったのだと思います。一九七〇年には、進駐軍住宅で荒地同然になっていた区画に、日本列島のイメージで作庭がなされ、列島各地の山野に自生する植物をできるだけ自然に近い状態で植栽展示しています。植物生態園の東側に竹・笹園があります。開園当時の位置から変わらずに存在し、植物園の歴史とともに歩んできました。

そこから北に向かうと北山門があります。北山通りに面した一帯の樹木の多くは開園当時からの植生で、防音や防風林の役割を果たし、台風などの風害から園内の樹木や上賀茂地域の住宅を守っています。垣根のウバメガシは防火対策・防音効果、歩道の歩行者に対する真夏の日陰効果など、緑のベルト地帯としての役割も果たしています。夏の夕方に北山通りを歩いていると、ヒグラシの鳴く声が園内から聞こえてきます。北山門近くに桜品種見本園があります（佐野藤右衛門さん寄贈など）。園内のサクラは約一八〇品種・五〇〇株、その中で桜品種見本園には約一〇〇品種が植栽展示されています。そして、垣根の南側に面してツバキ園があります。約二五〇品種・六〇〇株を植栽展示しています。

さらに西に向かうと、四季彩の丘があります。英国風庭園をはじめ四季それぞれに楽しめる宿根草を中心に水生植物・有用植物など、夏にはハスの鉢を多数展示して観蓮会を行っています。二〇二一年七月には世界の北限に自生するロシアの野生ハスの開花に成功しました。人工的な開花は世界初です。

さらに南に向かうと、園内唯一の自然林である「なからぎの森」と「半木神社」があります。なからぎの森は京都府がこの敷地を購入する前から存在し、一八六二（文久二）年の絵図には「ナカキノモリ」、一九〇五（明治三八）年の絵図には「流木森」と表記されています。この森は京都の山城盆地の原生植物群落を知る上で非常に貴重で、現在も人の手を入れない自然林として、エノキやムクノキなどの古木が多く、樹齢二〇〇年を超えると推定される樹木を保存しています。

また、京都の伝統産業である西陣織の神を祀った「半木神社」が森の中にあり、「山城名勝志一七〇五（宝永二）年」に「流木神社《ながれぎ》」として由来とともに掲載されていて、起源はさらに古いかもしれません。上賀茂神社の境外末社であり、上賀茂神社主催の例祭が年二回行われています。周辺の池にはカワセミが訪れ、秋にはカエデ類の紅葉が特に美しい場所です。

そして、園内のもっとも賀茂川に隣接する西側は北から南側までバックヤードとなっています。園内敷地の約一〇%を占め、そこでは栽培する植物の播種・栽培・育成、貴重な種の保存、展示会に向けての作業を年間通して行うとともに、美しい花や希少な植物を良い状態で園内に送り出すためや、弱った植物を治療し回復させるためなどに最大限活用されています。植物相手の仕事は実に息の長い地道な仕事です。年間を通じた栽培は、毎年同じことの繰り返しではありません。一つ一つ植物の顔を見ながら、時々の気候の変化などにも注意を怠らないことが必要です。さらに、新たに導入した植物が花を咲かせるまで数年かかるものもあれば、何十年も歳月を積み重ねていかなければならないものなど多種多様です。バックヤードはそのような作業を行う植物園のいわば心臓部です。

※一九七〇年に創設された花の業界団体で、新品種の審査・保護および普及活動を行っている、フロロセレクト【Fleuroselect（FS）：欧州花き種苗審査会】と、一九三二年にアメリカ、カナダの一般園芸愛好家に対して新しい花や野菜の優良品種を紹介・普及を目的として発足したオール・アメリカ・セレクションズ【All-America Selections（AAS）全米審査会】から譲与された種子が届き、東アジアで唯一公認展示する場所として当園が選ばれています。選ばれた基準は「一、高度な栽培技術を有する技術スタッフがいること。二、入園者が年間通じて沢山来園され花を多くの人に見てもらえる展示場所としてふさわしいこと」です。

第二節　植物園のコンセプトは「生きた植物の博物館」

「生きた植物の博物館」である京都府立植物園の最大の目的・使命は、「世界の生きた植物を栽培育成・展示して花を咲かせ、展観させること」です。熱帯植物や高山植物など、図鑑でしか見ることのない世界の植物をタネから収集して発芽させて育成・栽培・保存・展示をし、表示ラベルには植物名の学名も表記されています。

また、「その空間に植物がある」だけにとどめず、植物それぞれが持つ特性を生かした植栽展示に工夫を凝らし、生きた植物を見て自然観察ができる学習教育実践の場として利活用できます。観察を続けると、植物が生き抜く戦略（なんとしても生き続けるという意思）があるようにさえ見えてきて、新たな発見が生まれます。もちろん植物園に訪れる多くの人たちにとって心が休まる憩いの場でもあります。各種展示会、講演会、植物案内ツアーなどを行うことによって、生きた植物の還元に努めています。また、植物栽培に関する学術研究にも寄与する「園芸文化」の普及でも日本一をめざしています。

さて、本植物園で行われているユニークな教育実践活動の一例を紹介しましょう。観覧温室では夏休みの自由研究テーマの参考に「食虫植物観察会」を毎年夏休み期間に開催しています。食虫植物の「ハエトリソウ」が一瞬にして虫を捕らえる様子を見た時の子どもたちの驚きと感動が伝わっできます。このように、植物園では遊びを通して学ぶことができます。また、最近では子どもたちがそれぞれタブレットなどで気に入った植物を撮影して、花の名前や特徴などを調べている風景をよく見かけます。

ここであらためて、府立植物園がどのような趣旨で設立されたのかを振り返っておきましょう。「大典記念京都植物園」設立の趣旨は①のように書かれていました。また、一九六一年の再開園にあたっては②のように記されていました。

① 大典記念京都植物園（一九二四年）設立趣旨より

「普通教育を基本とし、大自然に接して英気を養い園内遊覧のうちに草木の名称、用途、有用植物、熱帯植物、有毒植物、特用植物（染料・工芸植物）、薬用植物及び園芸植物等の知識と天然の摂理一般を普及させ、加えて我が国植物学界各分野の学術研究に資することを目的とする」

② 再開園におけるコンセプトより

「あくまで自然観察を中心とする府民の憩いの場であり、単なる公園でなく栽培技術をとおして多様な植物を紹介し、植物に接する場と機会の提供、園芸に関する知識、技術の普及、向上、そして多数の植物を収集、育成、保存し、あわせて学術研究等に資する『総合植物園』であること」

これらの理念は現在の京都府立植物園に脈々と引き継がれています。その植物園を支えているのが「バックヤード」の重要性と、次の世代につなげる植物栽培技術を継承する人材確保と育成です。単なる「賑わい」や「儲け」を追求する発想では、「総合植物園」を後世に継続していくことはかないません。だからこそ、京都府直営の「京都府立」であることの意義は重大です。府民の税金で運営している施設であるからこそ、世界の生きた植物の展示などを行うことによって、日常的に府民に対して税金を還元していくことが求められています。

社会経済の状況が変化しても、植物園は専門家、国内外の人たち、何より府民にとって貴重な公共財産であり、国民の宝、地域のシンボルでもあります。今後とも「総合植物園」として府民に親しんでもらえる存在であり続けなくてはならないのです。そのために

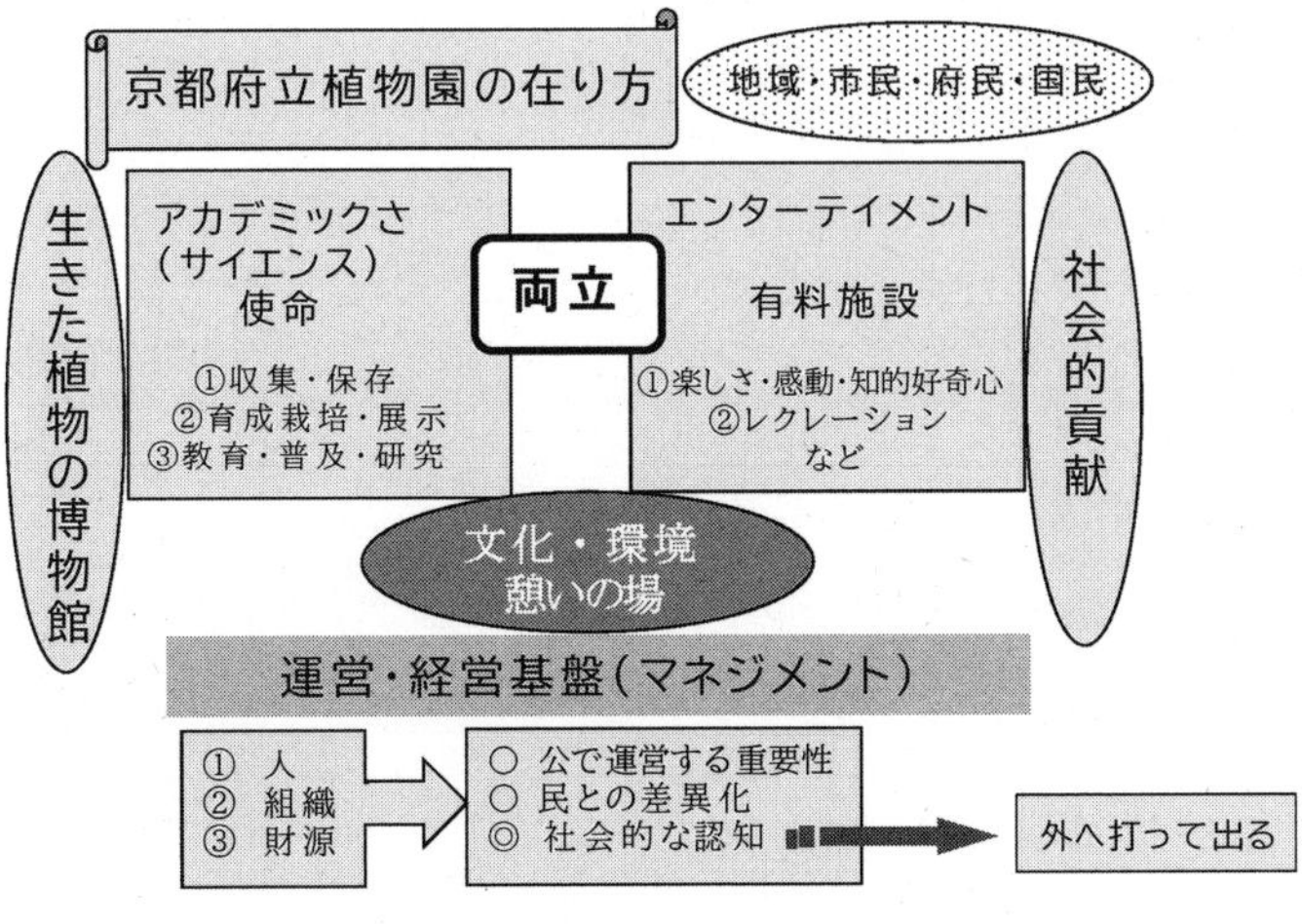

図表3　「生きた植物の博物館」とは（松谷氏より）

は、確かな基本理念を定めなければならないでしょう。たとえば、札幌市では二〇二二年六月に動物園条例が国内で初めて制定され、そこでは設置の目的は次のように謳われています。

「この条例は、動物園が野生動物の保全を通じて生物多様性の保全に重要な役割を果たしていることに鑑み、動物園の活動に関し、基本理念を定め、市、市民及び事業者の責務を明らかにするとともに、動物園に関する施策等について定めることにより、現在及び将来世代のために野生動物を保全し、自然と人が共生できる持続可能な社会の実現に寄与することを目的とする」（札幌市動物園条例第1条）

京都府立植物園にも、このような明確な条例の制定が待ち望まれます。

（磯見吉勝）

第三節　植物園の楽しさ

植物園の楽しみ方は人それぞれではないでしょうか？　春夏秋冬でも違うし、年代によっても違うと思います。

私は小学校低学年まで福岡県大牟田市の山間の町で過ごしました。京都に出てきたのは一九六八年です。青春まっただ中です。大学三回生の時、植物園のすぐそばに引っ越してきました。徒歩で七～八分のところです。しかし、今思えばとてももったいないことをしました。デートの場所に植物園を思いつかなかったからです。

私が植物園に関わるようになったのは、子どもが生まれてからです。子どもたちとよく植物園に行きました。大芝生地で走り回る子どもたちを見ながら安心してウトウトとまどろむことができました。子どもたちが小学校に入学し育友会会長（今のＰＴＡ）を務めていた時、何かイベントを企画することになって植物園を使うことになりました。花の名前の読み方（たとえば、馬酔木・桔梗など）や、沈床花壇にいる二匹の動物は何かなど、スタンプラリー形式でやりました。子どもたちも大きくなると親とは付き合ってくれません。そうなると植物園に行く目的も変わってきます。そのころから鳥に興味を持つようになりました。京都市内でゆっくり鳥を観察できる場所といえば、京都御苑・宝ヶ池・植物園くらいでしょうか（水辺の鳥は別です）。植物園の人気者はやはりカワセミです。半木神社周辺の池によく姿を見せます。ただ私の好きな鳥は、アオジというスズメよりもひと回り小さい鳥です。この鳥は早春のころ、大枝垂桜の近くにいます。

大芝生地

退職後は春夏秋冬それぞれに楽しんでいます。春は何と言っても桜。桜林は見ごたえもありますし、北山門近くには桜品種見本園もあります。その後の時期に続くのがバラ園です。何ともカラフルであり香りも高く、植物園会館のテラスから比叡山と一緒に見ると圧巻です。初夏になるとあじさいと花しょうぶが咲き乱れます。夏盛りになれば自分より背の高いヒマワリや、沈床花壇にカンナの花も咲きますし、ハスの花も咲きます。秋には四季彩の丘にアケビがなります。その他にもヘチマや大きなカボチャも見られます。晩秋になると紅葉です。京都には紅葉の名所はたくさんありますが、植物園もその一つです。冬はバードウォッチングに最適です。寒くなれば観覧温室に入ります。天気の良い日は、森のカフェでゆっくりとコーヒーを飲むのが好きです。まだまだ知らない木々や植物の名前を右の耳から入れ、左の耳から出しながら、ゆっくり散歩をするのが最高の所です。植物園は私にとってワンダーランドなのです。

（内苑聖司）

参考文献
松谷茂（二〇一一）『打って出る：京都府立植物園』淡交社
駒敏郎（一九七一～一九七二）「花と緑の記録」『府政だより』京都府
京都府ホームページ植物園よもやま話「植物園一〇〇年の歴史」なからぎ通信

第三章　パブコメから始まった初めての市民運動

第一節　「守る運動」開始前夜

寝耳に水

二〇二〇年は世界がパンデミックの嵐で大混乱に陥りました。日本でもコロナ禍によるさまざまな自粛が相次ぎ、不安の真っただ中にありました。京都府の「北山エリア整備基本計画」が作成されたのはそういう中です。公にされたのは、その年一二月のことです。

なにやら植物園や府立大学一帯が大きく変えられる計画があるそうだよ、という噂が秋風とともに下鴨のまちに流れ始めましたが、コロナ対応で右往左往の毎日でした。そんな中、府職労連の人たちがまず動き始めたのでした。一一月六日、関心のある近隣住民へ彼らからの呼びかけがあり、「基本計画」がどのようなものであるか、どのように進められようとしているかを説明してくれる機会が設けられました。つるべ落としの秋の暮れ、府立大学の一講義室に二〇人ほどの関心をもつ住民が集まりました。

すでに京都府は計画の骨子案を九月に作り、一〇月に大急ぎのパブリックコメントを実施、完了していました。そして、一二月に計画の公表という運びになるわけですが、この府職労連が呼びかけた集会は、ちょうどその中間の時期に当たります。集会に参加した住民有志にとって、話はまさに寝耳に水でした。「パブコメなんて知らなかった」、「植物園はどうなるの」、「『賑わい』ばっかり求めてどうするの」、「コロナで大変な時代なのに、なぜ今なの?」といった声が次々に出されました。私たち住民にとって、府立植物園は静かで広々とした緑の空間であり、樹々や草花と落ち着いて向き合うことのできる憩いの場であり、学びの場です。子どものころから植物園とともに育った方も大勢おられます。その植物園がどこにでもあるような「賑わいづくり」に供されると聞いて、びっくりしました。

全国に府立植物園のファンが大勢いるため、地域住民だけではなく、広く全国にこの事態を発信しなければなりません。相手は巨大な京都府という行政組織です。一体どのように声をあげていけばいいのでしょうか。

「パブコメ」という手法

「そういえばそんなもの(パブコメ)が町内で回覧されていたような気がする」という方もいましたが、回覧板でそのような行政の長い文書をゆっくり読めるか、まして短期間(なんと三週間の期限）で意見を書いて行政に届けられるか、誰もがパソコンでメールを行政に出せるか、といった問題があります。一体、どの範囲でそのような回覧がなされたのか、疑問と不信が増すばかりでした。案の定、公表された「集約意見」はたったの五五人で、意見は一四二件でした。今も京都府ホームページを閲覧すると、その意見と府の回答が掲載されています。この地域に調和のとれた計画であってほしいという全うな意見とともに、「基本計画」で謳われている「賑わいづくり」を大いに推進せよ、といった意見が散りばめられています。中には、「植物園内で飲酒できるようにしてほしい」などといったトンデモ意見もありました。これに対する府の回答は、「今後の具体的な整備・運営に向けた検討を進めていく際の参考とさせていただきます」でした。「園内での飲酒は京都府立植物園管理規定に違反します」と、なぜ毅然とした回答をしないのか、情けなくなります。

さて、このパブコメは今日行政では当然必要な手続きの一つになっています。しかし、形だけになって、「北山エリア」に関しては全く魂が入っていませんでした。「行政としてはちゃんとやりましたよ」、「住民の意見は聴きましたよ」という、いわばアリバイづくりに利用されているように感じられました。

狼煙《のろし》あがる

もっと広範な地域住民に早急にこの問題を知ってもらおうと、シンポジウム「北山エリア問題」が左京区総合庁舎を借りて開催されました。二〇二〇年一二月一九日に約五〇名が参加し、地域の関心は急速に高まって行きました。

同じころ、京都から離れた所ですでに府立植物園の保全を求める運動が生まれていました。府職労連植物園分会の方から「こんな運動が始まっているよ」と教えていただきました。兵庫県在住の森和男さんという植物専門家が事務局長となって、「京都府立植物園を守る会」（代表・小笠原左衛門尉亮軒）という運動が始まっていました。森さんは府立植物園温室の一角にある高山植物のコーナーをデザイン設計された方であり、白馬連峰の高山植物を研究されてきました。府立植物園の歴史と文化にも精通されています。この方が全国の植物の専門家や植物研究者に府立植物園の危機を訴えられたのです。地域の私たちが悶々としているころ、ついに狼煙が上がったのです。

「守る会」の署名用紙「京都府立植物園の面積縮小に反対の署名」には、次のような簡潔な要望が述べられていました。

「私たちは府立植物園北山通り側の一部面積削減に反対致します。

私たちは府立植物園のバックヤードの一部面積削減に反対致します。」

賛同者は一二一名、その中には元府立植物園長・松谷茂さんをはじめ、府立植物園の複数の元園長・副園長の名前もありました。また、元旭山動物園長の小菅正夫さんの名前もありました。

私たちに植物園の「バックヤード」の重要さを気づかせてくれたのもこの署名でした。そして、何よりも全国規模でこのような運動が始まっているのだから、地元の私たちも地域の特色を生かして頑張ろうではないか、という気持ちを奮い立たせてくれました。相手はとてつもなく大きい京都府ですが、「天の利、地の利、人の和をもってすれば百戦危うからず」です。「生きた植物の博物館」という言葉は行政でもよく使われますが、本当に「植物が主役」として考えられているのかどうか疑いたくなります。植物園の早春の樹々に芽吹きが始まるころ、府立植物園を守ることを中心テーマとして地域から運動を始めようという機運が、同じく急速に芽生えてきました。「生きた植物の博物館・府立植物園を壊さないで！」をスローガンに、「なからぎの森の会」が誕生しました。二〇二一年四月のことでした。

（齊藤　孝）

第二節　「なからぎの森の会」の誕生

まずは、共に活動してくれる人をさがす

二〇二一年三月に「京都府立植物園が危ない！　京都府立植物園を考える会（仮称）の世話人になって存続にあなたのお力をお貸しください！　お手伝いいただける方はご連絡ください」という呼びかけの文を作り、知人や相談してきた団体の人たちに配りました。呼びかけてはみたものの、こんな活動をするのは全く初めてで、果たして「一緒にやりましょう」という人が集まってくれる

のか？　集まったとしても、何をすればいいのか、皆目わからず不安な状態でした。ただただ、「何かしなければならない！」という切羽詰まった気持ちからの呼びかけでした。まさに初めての市民運動に足を踏み出した「はじめの一歩」でした。

「なからぎの森の会」が立ち上がる

この呼びかけに応じて、何人かの方たちから話し合いの場に参加してもいいという反応が示されたので、近くの貸し会場を予約して四月七日に初めての会合を持ちました。当日まで何人が来るのかとハラハラだったのですが、なんと！　一二名もの人が集まってくれました。周辺住民の人たちがほとんどで、「植物園には頻繁に出かけて親しんでいる」、「絶滅危惧種植物が心配」、「植物園の環境がつぶされていくのを見ていられない」、「署名を集めていくとともに説明会を開かせていかねばならない」というような意見が出されました。そして、「京都府立植物園の整備計画を考える市民運動設立準備会」と仮の名称をつけ、次回は四月一七日に開催することにしました。

そして、四月一七日に本格的に植物園を守るためのグループとして集まり、ここで会の名前を「京都府立植物園整備計画の見直しを求める会」と決定しました。しかし、あまりに会の名前が長くて自分たちでも覚えきれないので、別称を「なからぎの森の会」とすることにしました。こうして、「京都府立植物園を守る会」、「北山エリアの将来を考える会」の二つの団体とも協力しながら、府立植物園を守り育てる地域住民のグループが立ち上がったのです。世話人は当初九名から徐々に増減があり、最終的に一二名の構成となっています。

整備計画見直しを求めるアピールを発表する

「なからぎの森の会」が発足してからの行動は素早かったです。四月一七日の第一回世話人会の時には会の設立趣意書（アピール）の文案と署名用紙の文案、ニュース第一号の原案を作っていき、世話人一同でどのように仕上げるかを検討しました。アピールはこの会の活動方針であり、その方針を広く発信し、賛同を得るための基本となるものです。そのアピール文は以下のようにできあがりました。

京都府立植物園の整備計画の見直しを求めるアピール

京都府立植物園は京都の住民にとってなくてはならない文化的、学術的施設です。一〇〇年近くにわたり老若男女多くの人々がここで、憩い、語り、学んできました。五万本超の樹々に囲まれ、比叡山と北山を借景に取り込んだ二四ヘクタールの園地は、府と植物園に働く人々に支えられ、幾多の困難を乗り越えて、人々を育み、励ましてきました。

その植物園がいま重大な岐路に立っています。京都府は二〇二〇年一二月に「北山エリア整備基本計画」を作り、その一環として、植物園を賑わいと遊興の出来る施設に変えようとしています。すなわち、大芝生地（そこは子どもらが嬉々として素足で走り回れる伸びやかな空間！）には野外ステージが設置され、イベントで賑わう場所になり、園の境界を削り、外部との出入りをしやすくして、園に隣接して商業施設を並べようというのです。これではどこにでもあるただの緑地公園になってしまうのではないでしょうか。植物と人間が織りなす静かな空間は消え、野鳥も近寄れない喧噪の場に置き換わっていくのではないでしょうか。また、しっかりした境界がなくなると、利用者の安全、安心も担保されなくなってしまいます。

こんなことをすれば営々として築かれてきた京都府立植物園というかけがえのない公共財産にとりかえしのつかないダメージを与えてしまうことになるのではないでしょうか。目先の「儲け」に走って整備改変するのは後の世代に対しても申し訳が立たない行為になります。

わたしたちは、植物園が今後とも「生きた植物の博物館」として機能するためには、植物園の環境全体の保全が欠かせない基本的条件であると考えます。京都府は、府民に愛されてきたこの類まれな京都府立植物園の歴史、実績、環境をいま一度考え、拙速な整備計画を再検討するよう、わたしたちは要望します。

二〇二一年四月二二日

京都府立植物園整備計画の見直しを求める会（通称「なからぎの森の会」）

アピール呼びかけ人を募集する

この文が完成した後、これに賛同してもらえるように呼びかけてくれる方々を募集しました。世話人たちが知っている多くの皆さんに呼びかけ人になってくださいというお願い文と承諾回答用紙を送り、四月二二日から募集を始めて五月末までに四六人の方々が呼びかけ人になることを了承してくださいました。その方々から「京都府立植物園を守りましょう！」という熱意のあふれるメッセージをいただくことができました。

アピールへの賛同者を募る

会のアピール文ができて、これに賛同してもらうように呼びかけてくれる方が集まってきたので、次に五月六日からいよいよ会の趣旨に賛同していただける方の募集を始めました。アピール文と呼びかけ人のリストと賛同同意書用紙（一人ずつ書いてもらう用紙と、連名で何人でも同時に書いてもらえる用紙）を送って返送してもらったり、署名を集めている場所ですぐ書いてもらえる方には書いてもらうようにしました。こうして、公表可否合わせて三二二人の方に賛同者になってもらうことができました。たくさんの方に賛同者になってもらえたことが、その後の運動の大きな推進力になりました。

呼びかけ人を募ってから賛同者を募る方法は、以前から「仁和寺の前に巨大ホテルを作らないで」

と活動していたグループがすでに実行されていたやり方で、そのグループから同意書の書式を流用させてもらいました。京都のまちこわしから京都の景観と暮らしを守ろうとしてきた市民運動には多くの先例があり、その流れを受け継いで運動に取り入れていけたことは、私たちの運動にとっても大きな助けとなりました。

呼びかけ人・賛同者のメッセージ集を発行・販売

呼びかけ人と賛同者からは、それぞれの植物園への思いを同意書に書いてもらっていたので、これを広く知ってもらい、さらにこの輪を広げていこうと、呼びかけ人・賛同者のメッセージ集を作ることにしました。たくさんの方の「京都府立植物園を守りたい」という熱い思いを集めて、さらに、松谷茂元園長や賛同のコメントをいただいた団体、海外の植物園からのメッセージも掲載しました。二〇二二年二月一〇日に一〇〇〇部、八月三〇日に五〇〇部発行し、一冊二〇〇円で販売し、完売することができました。

（都築澄子）

京都府立植物園／「北山エリア」
整備計画の見直しを求める
呼びかけ人・賛同者
メッセージ集
2022年2月
京都府立植物園整備計画の見直しを求める会
（別称　なからぎの森の会）

第四章　宣伝・学習・署名が市民運動のカギ

市民運動のカギは宣伝・学習・署名です。本章では宣伝・学習を扱います。

第一節　宣伝

当初、報道機関にはなかなか扱ってもらえなかった

二〇二一年一月一一日に京都新聞が「観客一万人収容　府立大にアリーナ」と報道、四月六日に毎日新聞が「北山エリア　再開発の行方は～府立植物園『縮小』に反対署名も～」と報道しました。五月一一日には朝日新聞記者の取材を受けて植物園周辺を案内し、五月二一日にはテレビ大阪とＫＢＳ京都テレビの取材を受けましたが、テレビ大阪では結局放映されることはありませんでした。それらは小さな記事だったり、京都市内版に限られていたり、京都府全体の問題であるにもかかわらず広く報道されていませんでした。まして、京都府立植物園は京都府民だけのものではなく、各地からたくさんの署名が集まったように、全国民にとっても大切な宝物です。広く知らせることが

できていないことに私たちはじりじりと焦る思いでした。

ならば、自ら広報するしかない

そこで、少しでも広くこの問題を知ってもらえるように、私たち自身で広報活動をしていきました。その一つはニュース「なからぎの森」の発行です。京都府立植物園を守るための住民団体が発足したことを宣言し、多くの人びとに知ってもらうことが大切なので、会のニュースを発行しました。二〇二一年四月二二日付で五〇〇部印刷しました。京都府立植物園が危機に陥っていることや、どのように変えられようとしているのかを説明し、協力を訴えるものでした。署名用紙を作り署名活動も始める予定だったので、「五月一日に植物園北山門前で署名を集めます」と書きました(後にコロナ禍で植物園が休園になり、訂正版を二五〇〇部発行しました)。その後も、折りにふれて知ってもらいたいことが起こる度にニュースを発行し、全部で二三号と特別号一号、号外七号を発行しました。ほぼ一カ月に一号のペースで発行し、時には北山エリアに対する希望や思いを投稿してもらいました。最初は二五〇〇部でしたが、だんだん配布する範囲を広げて、通常は一万部、多い時は二万五〇〇〇部を配布しました。このうち、植物園周辺の葵・下鴨・松ヶ崎学区地域には約五〇〇〇部配布し、この配布には一七名のボランティアの方に協力してもらいました。他に大口の配布先として、女性団体の「新日本婦人の会(新婦人)」の京都本部、左京支部、北支部、上京支部にそれぞれ三〇〇部から一〇〇〇部ずつ持参し、支部内で会員の方に配布してもらいました。「新婦人」は特に植物園に関心が強く、大変協力していただきました。このニュースは、賛同者や支持者の皆さんにもメールのある方にはメールで、メールのない方には郵送で送りました。そのほかに会のホームページにも掲載しています。ニュースをこまめに発行して、その時々の情勢と協力していただきたいことをお知らせしていったことが、運動の広がりと情報の共有に大いに役立ったと思われます。

さらに、二〇二一年一〇月一三日に京都新聞に「京都府立植物園を守るために」というマンガのチラシを二万八七〇〇部折り込みしました。折り込み料は約一〇万円でした。二〇二二年二月ごろには署名用紙を「しんぶん赤旗日曜版」に折り込みし、京都府下全体に配ってもらいました。

また、ニュースやチラシをいろいろなお店に置かせてもらうこともしました。喫茶店一五店、花屋六店、その他、パン屋、骨董屋、美容室、銭湯など、人が出入りするお店にはできるだけ置かせてもらうようにしました。

人の集まる所には必ず出かける

署名を本格的に集め始めてからは、定例の署名活動日をつくる他にも、いろいろな場面に出かけて行って集める努力をしました。京都市円山公園野外音楽堂で憲法集会や反原発のバイバイ原発集会が開かれる時には、会場の手前で署名の協力を訴えました。無料で食料を配布する支援プロジェクトの会場の外など、人が集まる所には必ず何人かで出かけました。五月一日のメーデー集会にも市民団体の列に加わり、横断幕を持って行進し、市民へアピールしました。二〇二二年八月一六日には五山送り火の人出をあてにして、植物園北山門前で署名を集めました。

人が集まるところといえば、左京区や京都府の女性の運動の集会・母親大会に参加して、横断幕を持って舞台にあがり訴えました。全国の母親大会には京都の代表で参加された方が訴えてくれて、全国の女性たちに植物園の危機を訴えてくれました。母親大会だけでなく、年金者組合や高齢者の集会、社会保障推進協議会の集会にも出かけました。ちょうど二〇二二年一一月二四日に全国の高齢者の要求を持ち寄って話し合う全国高齢者大会が京都で開催されたので、その会場前にもでかけました。植物園近くの社会福祉協議会は毎月高齢者や障碍者も含めて府立植物園に散策に出かけています。その集合場所にも出かけて訴えました。

また、二〇二二年九月一七日・一八日に日本植物学会が京都で開催された時や、九月一八日に植物園とその周辺の賑わいイベント・北山フェスティバルで多くの来園者がある時も、それぞれ参加者向けの独自のチラシを作って渡しました。京都府立大学の入学式でも式場に向かう新入生と保護者に向けてチラシを配布し、「おめでとう」を声をかけながら府立大学の現状に目を向けてほしいと訴えました。その日だけは配る側も身なりを整えた方が受け取ってくれる率も高いようでした。

入学式のスーツ姿と同様、下鴨神社での初詣宣伝の時には着物姿、夏の五山送り火の時には浴衣姿など、その時々の雰囲気に合わせた衣装で宣伝すると、注目を集めることもできるようでした。

下鴨にある京都生協の前や左京区高野にあるスーパー・イズミヤの前、地下鉄国際会館駅の前や上京区の河原町今出川交差点でも、宣伝し署名を集めました。

地域でのキャラバンと街角でのアナウンス

府立植物園周辺では特に積極的に宣伝を重ねました。地域の活動を支持してくださる方たちが隔週で集まり、世話人と一緒に隊を組んで回るキャラバン宣伝をしてくれました。葵地域、松ヶ崎地域それぞれのノボリを作り、それを持って地域のすべてのお家にチラシを配って歩きました。二人組になってチラシを配っている間に、一人がマイクを持って通りの角に立って、植物園をめぐる今の状況や訴えを話して回りました。音が出るのと目で見えるのとで二重の宣伝です。

チラシの配布は左京区高野の公団団地約一〇〇〇戸や岩倉地域までも配って回りました。左京区だけでなく、植物園に接している北区上賀茂地域も時々配り、さらに北区にある二つの保育園の前でもチラシ配布の宣伝をしました。保育園からはよく植物園に子どもたちを連れて遊びに来ているからです。京都市動物園の前でも署名宣伝をしました。定例の署名宣伝一二八回の他に、このような臨時の署名集めや宣伝を合わせて四八回行いました。今から思えば、本当によくやったものです。

銀輪部隊でもパレード

自転車でのパレードも行いました。自転車の前後のかごに「植物園をつぶすな」というプレートを付けて、植物園から河原町通り、丸太町通り、川端通り、北大路通りを四、五人で列を連ねて走りました。車の通行量が多くて危ないので、あまり何回もできず、効果のほどはわかりませんでしたが、とにかく何でも実行でした。

ポスターと緑のリボンでまちの雰囲気を変える

「植物園を守りましょう」という三種類のポスターとステッカーを作って、自宅や目立つ場所に貼ってもらうために無料で配りました。ポスター二四五枚、ステッカー六三枚でした。二〇二四年五月には運動支援へのお礼のポスターを、A三判とA四判合計五〇枚を印刷しました。ポスターのイラストを描いて印刷会社でプリントし、ラミネート加工してくれたのは、すべて私たちが「画伯」と呼んでいる絵の得意な世話人でした。

さらに、ポスターの他にも、四〇センチ四方の緑色の布に三本の黄色のテープを貼り付けた「緑のリボン」をたくさん作って、これも無料で配布してそれぞれのお家の玄関口に吊るしてもらったり、自転車やバッグにつけて持ち歩いてもらうようにしました。もともと、緑色のリボンは下鴨神社の境内にマンションが建てられるのに反対する運動でシンボルとなっていたものでした。この緑の布に黄色のテープをつけてアレンジしたのです。このリボンはパレードの時や府への要請行動の時に腕に結ぶなど、植物園を守る意思を表すシンボルともなりました。このリボンの製作は地域の新婦人の方たちが担当してくれて、せっせと夜なべ仕事で作ってくれました。

郵送と一斉メールで支援者に情報を送る

市民運動は少数の活動家がすべて引き受けて行うものではありません。多くの支持者や賛同する人たちの声と力添えがあって初めて成り立つものです。そのためには、現在の動きや会の方針を広く知らせていくことが大切なことでした。そのため、事態が変わる度にニュースやチラシを発行し、支持・賛同してくれている人、活動資金のカンパをしてくれた人、ボランティアで参加してくれた人など、つながりのあるあらゆる人たちに郵送しました。しかし、三〇〇人を超える人たちに送っていては郵送料が莫大なものになってしまいます。メールアドレスがわかっている人には一斉にメールで送る方法をとりました。いわゆるメーリングリストです。この方法に詳しい方が協力してくれて、メールの一斉送信を引き受けてくれました。宛先不明で返ってくるなどメールアドレスの管理は面倒な仕事でしたが、ボランティアで行ってくれる陰の協力者でした。毎回の郵送は約二五〇通、メールは四五〇通にもなっています。

活動資金の集め方——郵便局口座を開設

大量の署名用紙やニュースを印刷したり郵送するためには、多くの活動資金が必要でした。「なからぎの森の会」を立ち上げた当初はメンバーが持ち出しで賄っていましたが、まもなく賛同する方たちの寄付に頼ることにしました。そのために、郵便局で振込口座を開設するのですが、最近、詐欺事件に悪用される例が多いことなどから、最初の手続きはかなり面倒なものでした。運動している団体が確かに存在して資金を活用していることを証明するために、会の実態を表す規約、議事録、会計監査体制などの書類を提出しなければなりません。最初の難関を突破して振込口座の番号が確定すれば、その番号を広くお知らせして寄付を募ることができます。「なからぎの森ニュース」やチラシ、ホームページで広く宣伝していきました。そうすると、ありがたいことに、運動を支援したいという方から次々と振り込みをいただき、思いもかけない金額が集まり、財政の心配をすることなく運動をすることができました。全国の皆さまからの温かいご支援が運動の大きな支えとなりました。

（都築澄子）

ラジオ・テレビに積極的に出演する

植物園北山門前で声を張り上げても、チラシを受け取る方の多くがこの問題を知りません。「え、植物園になにが起こるの?」と、けげんそうに聞く方ばかりです。「そんな問題があるとか、誰も知らんで。もっと頑張って知らせていかんとなあ……」などと励まし半分で指摘され、自分たちの力のなさにちょっと肩を落とすこともありました。いくつかの新聞社が記事にしてくれてはいましたが、まだ足りません。そんな中、テレビやラジオからも報道したいという連絡が入り始めました。渡りに船です！　複雑な問題を簡潔に話すことにかけては右に出る人のいない会の世話人の鯵坂氏が、まずは、その大役を買ってくれました。

その後も、何度かラジオ出演の依頼がありましたが、個人的には、府立大学の学生さんと一緒に生放送の番組に出演したことが印象に残っています。生放送は鯵坂氏ですら緊張するとのことで心配しましたが、学生さんはとてもリラックスしていて、自分たちの大学が壊されそうになっていることについて、しっかりと意見を述べていました。さらには、民放のテレビ局が特集を組んで詳しく放送してくれました。特に夕方の報道番組の特集は、丁寧な取材をもとに何が問題なのかを的確に伝える報道でした。この番組は関西で広く放送され反応も大きく、多くの人びとに植物園の危機が知らされることとなりました。

なんといってもマスメディアの力は絶大です。「ラジオを聞きましたよ、何が問題か、良くわかりました」などとお声をかけていただきました。毎週の署名集めの場でも「テレビ見ましたよ!」と、署名に協力してくれる方が少しずつ増えていきました。

世界の植物園に発信、働きかけ

少しでも多くの方々に植物園の問題を知らせたい、その一心で「なからぎの森の会」の進撃は続きます。「世界にも目を向けましょう。世界中にはたくさんの植物園がある、その世界の植物園にこの問題を伝えよう」ということになりました。

最初に植物園改変に反対する署名を立ち上げた森和男氏が持っていた大きな写真集の巻末に、一〇〇以上の植物園の住所付きのリストがあり、そのうち森氏が選ばれた五〇超の園に知らせることになりました。古い写真集だったので、メールアドレスなどはなく、さらにすでに廃園になっている所もあり、その一つひとつをネットで確認することにしたのですが、これがなかなか大変な作業でした。困っていたところ、あれこれインターネットで検索をかけるうちに、世界の植物園の住所、メールアドレス、園長の氏名まで掲載されたサイトを発見しました。これ幸いと、用意したお知らせの英文と森氏が用意した写真などを添えて、一斉にメールを送信することになりました。

ところが、公的な施設にメールを突然送るというのは、なかなかハードルが高いということがわかりました。そういう所にはありとあらゆるメールが日々届き、その中には迷惑メールもあればウイルスが仕込まれたものもあり、知らないアドレスからのもの、特に添付ファイル付きのメールは開かないというのです。ならばと添付ファイルはやめて、本文にすべてを入れ、また、森氏が特に重要とおっしゃった六つの植物園にはきれいな封筒と便箋を用意して、手書きの文章も添えて送りました。

府立植物園の危機的状況を伝えるとともに、「京都府知事に、このような計画は踏みとどまるべきだとの声を海外から届けてほしい。また、署名にもChange.orgから協力いただきたい」と訴えたのです。この訴えに応えていくつの園が府に働きかけてくれたかはわかりませんが、スウェーデンのイエテボリ植物園園長からは、なからぎの森の会宛てで励ましのメッセージが届きました。さらに、スペイン、

Save the Kyoto Botanical Gardens!
We are collecting signatures to protect trees and other plants in the Kyoto Botanical Gardens
Kyoto Prefecture has a plan to change the Kyoto Botanical Gardens and the area around them into an entertainment and profit-oriented place.
We've been collecting signatures to save the Kyoto Botanical Gardens from this absurd plan.
Please support us to make Kyoto Prefecture reconsider the development plan!
Sponsoring Organization:
Association for the Review for the Development for the Kyoto Botanical Gardens
E-mail: simogamoaoi@outlook.jp
QR code for the Petition (change. org) :
QR code for our HomePage :

図表 I　外国人向けの英文チラシ

アメリカ、オランダなどから応援メッセージ付きの署名がChange.orgに届き始めました。

海外への働きかけは、なからぎの森の会の運動が始まってから半年が過ぎたころです。遠くにお住まいで、京都の植物園に来ることがもしかすると生涯一度もないかもしれない方までもが、私たちに頑張れと署名をくれました。さらに今回、世界に目を向けると、同じように危機感を共有してくれる方々がいるという確かな実感につながり、それは何よりの宝物となりました。

また、コロナ禍がおさまり始めてから、外国人観光客の植物園への訪問がどんどんと増えていきました。その方たちとお話ししていると、海外の植物園でもスペースが減らされたり、眉をひそめたくなるような商業化が進み、問題になっているとのことでした。今回の府立植物園の問題は決してここだけの問題ではないのです。

（斉藤真奈美）

さまざまな関係団体に働きかけ

植物園に関係がありそうな団体には、私たちから積極的に情報を流し、協力してもらえるように努力しました。たとえば、植物園をよく利用していると思われる保育関係の団体、教育関係の団体、高齢者団体、野鳥や自然保護関連の団体、植物園ボランティアの「なからぎの会」、北山エリア周辺の施設（コンサートホール、府立京都学・歴彩館、陶板名画の庭、障碍者施設）など、思いつくたびに手紙を出したり直接訪問して、植物園と北山エリアの置かれている状況を知らせ、できれば京都府に対して何らかの働きかけをしてもらえないかとお願いしました。植物園と手を取り合って自然保護や環境整備に取り組んでいる「鴨川を美しくする会」と「京都鴨川ライオンズクラブ」にも手紙を出しました。また、「NPO自然観察指導員京都連絡会」、「法然院森のセンター　フィールドソサエティー」、「文芸会館の未来を考える会」、「京都私学退職者の会」、「子どもの権利・京都」、「年金者組合」、「新婦人」などにも働きかけました。その結果、芸術家団体「京都アートカウンシル」が「北山エリア整備基本計画の再考を求める決議」を採択し、「公益財団法人日本鳥類保護連盟京都」からは知事に対して意見書が出されました。さらに、北山の静かな環境を保ち京都の文化を守っていくことの大切さを理解していただけるものと信じて、京都の茶道の三大家元、表千家・裏千家・武者小路千家にも手紙を出しました。

一方、京都府立大学の体育館を興行用の巨大アリーナに建て替えようとする背景に、地元のプロバスケットボールチーム・ハンナリーズの拠点アリーナにする意図があるとわかり、ハンナリーズのサポーター企業約二〇社に対して、私たちは決してアリーナを作ることに反対しているわけではなく、ハンナリーズの拠点アリーナは大学の教育用体育館を使うのではなく、別の場所に建ててもらいたいのだという手紙を書いて送りました。

日本植物学会の役員にも手紙を送るなど、とにかく考えられるありとあらゆる方面に支援と理解を得られるように、ワラをもつかむ気持ちで働きかけていきました。

ホームページ・SNSの活用

運動を続けていく中で、私たちの運動の意義と現在の状況、今後の方針などを広く知らせていく必要性を感じました。ニュースを手渡しできる限られた範囲の人たちに知らせるだけでなく、広く国内外の人から人へと伝えていく必要がありました。まず、個人アカウントだったFacebookを二〇二一年五月に「京都府立植物園整備計画の見直しを求める会（なからぎの森の会）」というグループにし、会に関連する記事を投稿することにしました。X（元Twitter）では、同年九月から「なからぎの森の会」のアカウントを作成して発信し始めました。

ホームページは二〇二二年一月に立ち上げました。これには、インターネット・サーバーをレンタルする必要があり、三年間二万八〇〇〇円ほどを支払わなければなりませんでした。個人でホームページを作成したことはあったものの、団体としてのホームページを運営していくのには、また違った苦労がありました。ホームページは個人の見解ではなく、会の方針を確かめてから記事を書かねばなりません。自宅のパソコンで書いたメモ文をサーバーにファイル転送する最初の設定は、ちょっと面倒な作業が必要です。毎回かなりの時間を取られますが、まったく面識のない人びとに私たちの主張を知らせていくために、これはどうしても必要な作業でした。

神谷さんの植物園写真展

京都府立植物園のすばらしさをアピールするために手助けいただいた方がいます。プロ写真家の神谷潔さんです。日頃から植物園で写真を撮っていた神谷さんは、私たちの運動に全面的に協力してくれました。私たちが実行したパレードの時には、最初から最後まで撮影して写真を提供してくれ、大きな集会の時にも何度も写真を撮りに来てくれました。また、府立植物園の写真展を二回にわたって開催し、額縁入りの写真や絵葉書を販売して、その売り上げの二割を活動のために寄付してくださいました。一回目は二〇二二年九月一七日〜二三日に上京区の町家ギャラリーで、二回目は同年一〇月二九日・三〇日に左京区の貸し会場で写真展を開催し、二回目の時は私たちも店番をお手伝いさせていただきました。毎日大勢の方が観に来て、植物園の美しさとすばらしさに感嘆していました。会場では植物園をめぐる危険な動きやそれぞれの思いを話し合って、運動に対する理解を深めあうことができました。

京都新聞に意見広告を掲載――二〇〇万円余の寄付が集まる

二〇二三年一月六日には京都新聞に広告を掲載しました。植物園と府立大学の危機がまだまだ知られていないこと、また、京都府が新聞紙面の三分の一を使って、北山エリア整備計画の表面上だけのお知らせを広告したことから、これに反論をする必要を感じたからでした。新聞に広告を出すには大変な額がかかり、京都府の半分にあたる紙面六分の一でも、約二〇〇万円です。このため一一月から広く募金を呼びかけて、一カ月半くらいでほぼその全額を集めることができました。これも多くの皆さまに運動の支援をしていただいたおかげで、大変ありがたいことでした。

（都築澄子）

アリーナ想定図を作成、配布

活動するなかで、「アリーナ建設」の問題点がより鮮明になり、いよいよ北山エリア開発の主問題になってきたと考えた私たちは、二〇二二年の歳の暮れ、設計事務所で建築士さんと相談する機会をえました。もし府の描くようなアリーナがこの地にでき

図表2　京都新聞に掲載された意見広告

京都府立大学に計画されている
共同体育館（アリーナ）の想定図

2023年2月　なからぎの森の会 [redacted]

府立大学内に共同体育館と称する１万人収容のアリーナが建てられたら、景色はどのように変わってしまうのでしょうか。 府立植物園はどのような影響を被るのでしょうか。

京都府の計画・検討資料（※）をもとに、専門の設計事務所に依頼して想定図を作ってもらいました。

＊

府立大学の中にはぎっしりと建物が立ち、来場者があふれて大学の教育環境は悪化することが予測されます。またアリーナのすぐ北にある植物園のバラ園や沈床花壇は、日照が不足したり風通しが悪くなったりして、草花や樹木の環境に大きな影響が出ると思われます。さらに、現在は樹々でほとんど隠れている体育館の風景も、アリーナが出来ると幅 100m・高さ 20m の壁ができ、景観が大きく損なわれます（高さは、さらに高くされる可能性もあります）。

府立大学内には、2000 人の学生のために「体育館」を早急に建て替えてください。巨大アリーナが必要なら、別の場所に建設していただきたい。

（※）2020 年 12 月京都府「北山エリア整備基本計画」
2022 年 1 月 KPMG「共同体育館整備に係る検討資料」

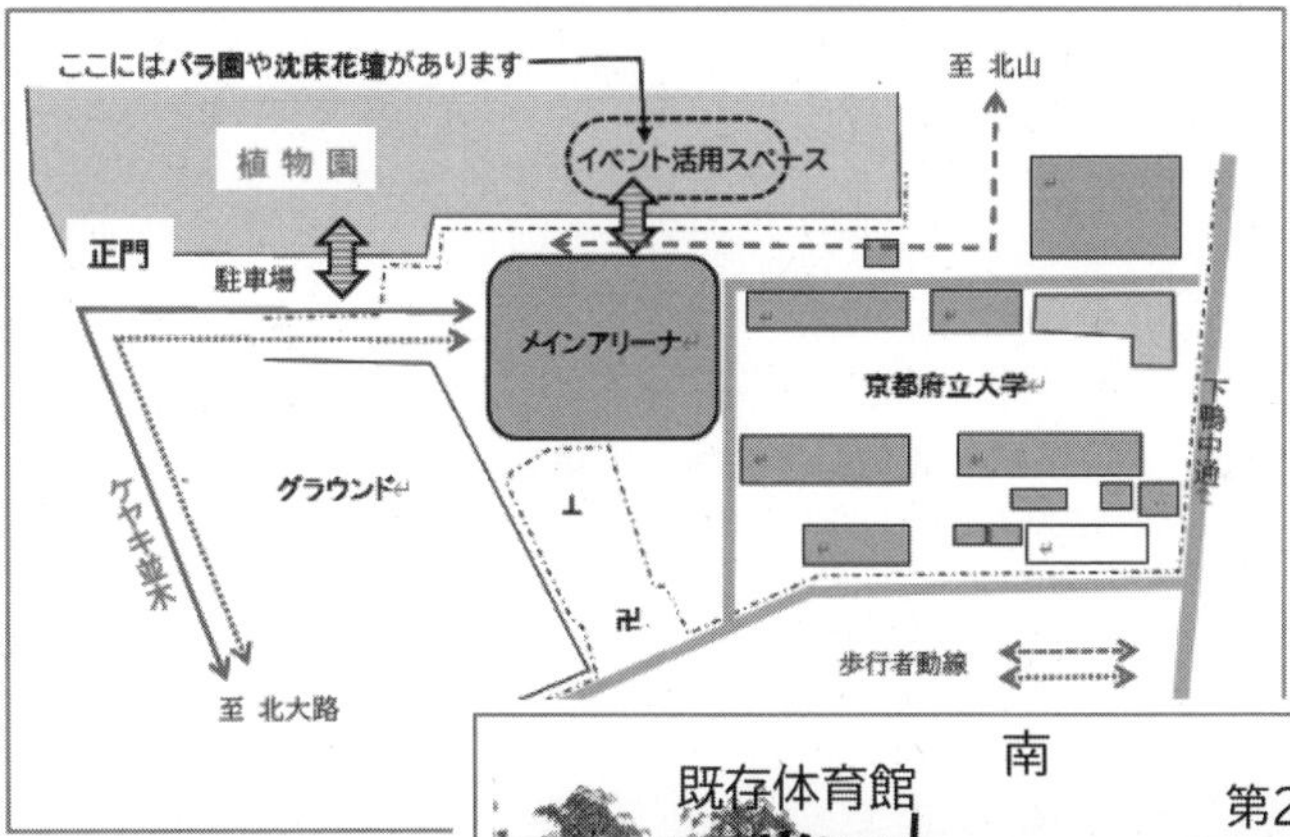

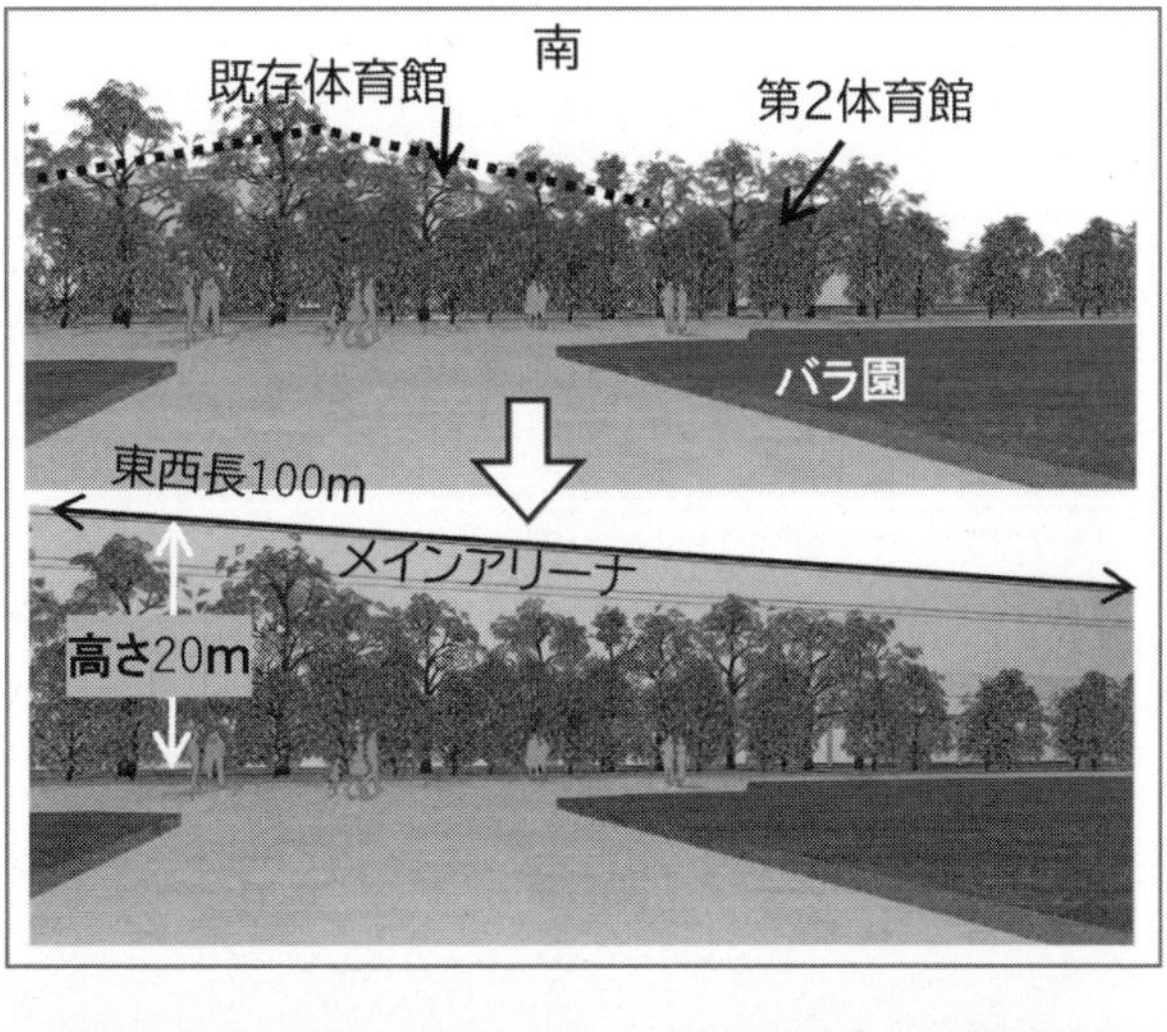

図表３　巨大な壁となって立ち現れることが想定される「アリーナ」パンフレット

たらどんな姿を呈するのだろうか、３Ｄの想定図を作図してもらいました。翌年二月にこれを四ページのパンフレット（六七ページ参照）に仕上げ、近隣地域をはじめ広範囲の方々に配布しました。「アリーナ」はやはり巨大な壁となってバラ園の前に立ち塞がり、府立大学構内を圧迫する建築物であることが一目瞭然にわかります。今振り返ると、これ以降、何かしら「潮目」が変わっていったような気がします。

手作り宣伝グッズを作るたのしさ

この三年間で本当に多くの宣伝物を作ってきました。初めはおそるおそる、慣れると大胆に、ポスター、横断幕、ノボリ、プラカード、リボン、缶バッジ、各種ビラなど、失敗作もありましたが、多くの宣伝物はそれぞれの持ち場で実によく頑張ってくれました。宣伝はみな素人ですが、「必要は発明の母」、ちょっとした思い付きから手探りで、ワイワイガヤガヤと批評し合ううちに次々生まれました。

①「植物園が危ない！」ポスター

地域の皆さんに一刻も早く事態の重大さを知らせたい、それには何と言ってもいつも目に見えるポスターをあちこちに張り出さなければなりません。パソコンでポスターなど今まで一度も作ったことのない者が、そんな晴れがましいポスターを作れるのだろうか、と不安もありましたが、やり始めると結構ハマってしまいました。「背景写真は、比叡山をバックにした植物園のバラ園がいいね」、「文言はどうしよう、インパクトのあるのがいいね」と話し合い、徐々に案が絞られました。そして、「植物園が危ない！」と大書きすることになりました。その後もいろいろなポスターを作ったのですが、結果としてこのポスターが最後まで運動の象徴となりました。

②横断幕を手書きで

運動が始まってまもなく、会のメンバーのTさんからパレードや「ヒューマンチェーン」がしたいと提案があり、大きな横断幕が必要になりました。私が高校教員をしていたころ、文化祭で生徒たちが校舎から吊るす大きな垂れ幕を作っていたのを思い出し、幅九〇センチ長さ四メートルほどのキャラコ布地を買って、アクリル絵の具で画き始めました。是非描きたいカットがありました。比叡山を借景にして植物園の大芝生地でくつろぐ母子の絵です。これを幕の片隅に入れました。問題はやはり文言です。悩んだあげく、府立植物園を愛する多くの人びとの最大公約数の思いを表現して「生きた植物の博物館・京都府立植物園を壊さないで！」に決めました。稚拙な絵とレタリングで何とかでき上がり、「会」に持って行くと、喜んで受け取ってもらいました。辛口批評家のNさんから「手作りなのがいいのよね」と言われた時は、正直ホッとしました。この幕も雨風によく耐えて色落ちもせず長く使いました。

③小さいアイデアの数々

運動の中で小さな宣伝物も活躍しました。前述の「緑のリボン」（金筋入り）がたくさん作られて、活用されました。七回に及ぶ「なからぎの森カフェ」（詳しくは一五一ページ参照）やパレードには Sさんがいつも美しい切り花を用意してくれました。地域のおもちゃ屋さんはパレードで風船を用意してくれました。「七夕バザー」では小道具としてご近所の庭から小笹をもらい、会場に運びました。東京の某植物園からはたくさん温室植物の写真絵ハガキをもらい、署名宣伝で活用させてもらいました。最も小さい宣伝グッズは缶バッジ（裏表紙参照）で、一個一〇〇円で販売しました。好評につき追加発注をして、七〇〇個を売ることができました。

北山通を吹き抜ける風は晩秋から早春にかけて強く、チラシやプラカードが飛ばされることも何度かありました。ノボリや横断幕の固定に気を配りながら、風や日照りの中、北山門前でこれら宣伝グッズとともに署名活動を続けました。（グラビア⑧⑨参照）

（齊藤　孝）

第二節　学習

松谷茂さんの講演会

運動が始まって間もない二〇二一年四月一七日、松谷茂さん（元府立植物園長）を招いて、講演会「まもなく一〇〇周年！　府立植物園の魅力～歴史・使命・役割～」を京都学・歴彩館小ホールで開催しました。これが私たちの企画した最初の大きな学習講演会でした。この講演会で、私たちはあらためて府立植物園の値打ちを知り、府立植物園を守るという運動の方向性に確信をもちました。

　お話は植物園ができる以前のこの地域の歴史から始められました。そして、下鴨の町が植物園とともにどのように発展して近代化していったか、植物園がその後どのような苦難の歴史を歩んだのか、が話されました（詳しくは本書第二章）。また、府立植物園の運営が府直営であることの意義を熱く語られました。「単なる緑の多い広場ではない、あくまでもホンマモンの植物を見に来ていただくことによって入園者を確保する」ために、現場では大変な努力がされているということもわかりました。今こそこのこと

年　月	集会タイトル・講演者	参加人数
2021 年 4 月	**「まもなく百周年！府立植物園の魅力」**	120 名
	松谷茂元園長、小菅正夫旭山動物園元園長（Zoom）	
6 月	**「府立大学の歴史と役割」**	76 名
	長谷川豊京都府立大学準教授、尾林芳匡弁護士（Zoom）	
12 月	**「北山エリア開発は見直しを！守ろう！植物園」**	300 名超
	金子明雄元園長、西原昭二郎元副園長（Zoom）	
	小菅正夫旭山動物園元園長（Zoom）	
2022 年 5 月	**「北山エリア開発 学習交流集会」**	118 名
	尾林芳匡弁護士（Zoom）	
2023 年 7 月	**「府立植物園・北山エリアの今 報告交流集会」**	120 名
2024 年 5 月	**「府立植物園・北山エリアの未来に向けて　学習報告集会」**	
	松谷茂元園長	230 名

を多くの市民に伝えなければ、取り返しのつかないことになるのではないかという思いに駆られる講演会でした。

他にも、二〇二四年五月末までの三年間で行った規模の大きい講演会・集会は表のとおりです。


公共財産（コモンズ）の整備・運営についての学習

府立植物園や府立大学、旧総合資料館跡地などの公共の財産がなぜかくも安易に「開発」、「改革」の対象になるのか、その背景を知ることは運動を進める上で重要な学習テーマでした。その点で、尾林芳匡弁護士のお話は大変刺激になりました。

二〇二一年六月の集会では、「公共の土地が企業のもうけの場に——京都北山再開発を考える」という演題で同氏の講演がありました。公有地の民間活用を促進するために「ＰＦＩ法」という法律（二二ページ注を参照）がすでに一九九九年にできていて、その後、民間資本が参入しやすいように幾度も改正が重ねられてきたことを初めて知りました。コモンズに金を掛けたくない自治

2023 年 7 月 29 日　報告・交流集会

2021 年 12 月 19 日　府民大集会

体とそれを使って儲けたい民間企業の思惑があって、市民不在の計画が加速する実態が浮き彫りになってきました。北山エリアの「開発プログラム」の流れはこうした官民連携の流れと見事に符合しているとガッテンしました。

神戸の王子公園の「開発」や東京神宮外苑の「開発」、この京都の各地で始まった「開発」と言う名の「まち壊し」、これらがみな北山エリアの問題と同根であることを知り、各地で起こった見直しを求める運動が連帯していきました。

二〇二二年一月末、京都府が一五〇〇万円も使ってコンサルタント会社KPMGに委託していた「北山エリア整備事業手法等検討業務」の「報告書」が公開されました。これは、府立大の「共同体育館」(アリーナ)、旧総合資料館跡地の「シアターコンプレックス」、そして植物園の三つに関して、それぞれの事業手法を提案したもので、経営上の詳しい分析が書かれた分厚い報告書でした。ＰＦＩ法の活用を前提に作られたもので、これを読み解くのは私たちには手に負えないシロモノでした。そこで世話人会で

植物園正門前の
ケヤキのプロムナード

「北山プロムナード」
左）稲盛記念会館、右）京都学・歴彩館
石畳道が真っ直ぐ北に延び旧総合資料館
跡地に突き当たる

は、この報告のどういう点に注目すべきか、どういう懸念があるのかを財政学の専門家から教えてもらうことにしました。講師は関西大学名誉教授・横田茂先生でした。植物園の整備とアリーナ建設について、二回に分けてこの報告書を読み解いていただき、以下のようなことを知ることができました。

一つ目は、会計検査院が「国が実施するPFI事業について」（二〇二一年五月）において懐疑的な検査結果を報告していたことです。それによると、PFI事業は二〇年から三〇年に及ぶ長期契約で、自治体（住民）にとっての有利さが検証しにくいこと、PFI方式による施設整備が従来方式（単年度予算による業務の発注）に比べて格安になるどころか、高くつく危険性があるということです。

二つ目は、植物園整備における「来園者サービス施設と賑わい・交流施設」（ショップ、カフェ、レストランなど）の維持運営管理業務には、PFI方式によって府民の税金が大量に投入されること、参画する民間事業者には通常のビジネスでは考えられない「破格の厚遇」を与えることになり、近隣の商業施設に重大なダメージを与える危険性があることでした。

そして、先生の話は次のような言葉で結ばれました。

「もっとも重要な問題は、万一『北山エリア整備基本計画』の一環としての植物園整備構想が施行されるならば、『金額に換算されない、取り返しのつかない損失』が発生し、これまでに守り育てられてきた『生きた植物の博物館』が都市公園に変質してしまうリスクである。『ＫＰＭＧ報告書』の定量的推計にはこの『金額に換算されない、絶対的損失発生のリスク』が算入されていないことを強く主張しなければならない。」

植物園から都市環境と気候を考える

横田先生の「金額に換算されない、取り返しのつかない損失」という言葉を私たちは重く受け止めたいと思っています。それは人間も含めて生命を取り巻く環境をどう考えるか、という問題でもあります。小さな集会（第六回「なからぎの森カフェ」）でしたが、京都大学名誉教授の谷誠先生（森林水文学）に来ていただいて、「都市気候における緑地の役割」というお話を聴く機会をもちました。「植物園を守る」ということは、植物園の敷地だけが「守られ」ればいいというものではありません。植物園の境界ぎりぎりまでコンクリートの壁がきたらどんなことになるか、素人の私たちにも容易に想像できます。

かつて、園の東側には府立大学の農場が広がっていました。今、そこには「北山プロムナード」と（早くもグーグルマップには）名付けられた石畳道が貫通し、歴彩館、駐車場、大学建物が植物園に迫ってきています。樹もなく土もなく、真夏は焼けつくフライパンのような土地になってしまいました。植物園境界付近の樹々は声には出さないけれどきっと悲鳴をあげているに違いありません。猛暑のときにこんな場所に誰も近づこうとはしませんが、この「北山プロムナード」は植物園ばかりか、町の気候環境を大きく損なっていると思います。

ＳＤＧｓやコモンズ、気候危機が叫ばれる今日、人間の営みと自然環境の相互作用を考えるうえで、植物園はとても大きくかけがえのない公共財であり、府立植物園の存在は樹木や土の役割を考えさせてくれる恰好の教材だと思います。

（齊藤　孝）

第五章　汗と涙の署名活動

第一節　署名活動の始まり

署名を集めることが運動を知らせて広げていくことに繋がります。「なからぎの森の会」の最も中心的な活動は署名集めでした。「北山エリアの将来を考える会」が集める北山エリア全体の計画の見直しを求める署名と、「なからぎの森の会」が集める京都府立植物園に関する計画の見直しを求める署名の二種類を集めることになりました。二種類の署名を左右に並べて印刷し、できるだけ両方に署名をしてもらうように訴えました。

「署名を書いてください」と見ず知らずの人に声をかけて誘うことには最初はためらいもありました。しかし、思い切って声をかけると、意外とスムーズに署名をしてくれました。何の署名を集めているのかを相手に説明することが、その問題の中身を知らせていくことにもなります。一度選挙で首長や議員を選んだからといって、すべての施策をお任せしたわけではありません。住民として常に行政の行うことを監視して声を出していくことが民主主義の第一歩です。署名活動は市民運動の基本です。

新型コロナがはやっている時期だったので、紙媒体で署名を書いてもらうことには躊躇もありました。そこで、直接顔をあわせなくてもよいネット（電子）署名を署名専用サイト「Change.org」上で始め、ついで紙に書いてもらう署名も集め始めました。

署名開始宣言の集まり

コロナ禍が少し収まると、署名を集めていることを広く知らせ「みんなで集めていこう」と心を一つにするための集会を開くことにしました。二〇二一年五月二二日に植物園正門に近い北大路橋東詰の賀茂川周辺で開いた署名開始宣言集会には、約五〇名もの方が来てくれました。参加者が代わる代わる北山エリア整備基本計画の問題点や植物園への思いをマイクを持って訴えました。集まった方々に署名をしていただいたり、集めた署名を持ってきていただいたりで、その日だけで二〇〇筆以上が集まりました。こんなに多くの方たちが集まって、みんなの熱意があふれる集会

2021年5月22日
署名開始宣言の集まり

になったので、「これは行ける！」と思いました。まさにこの時から、自分たちの気持ちを京都府に届けてもらいたいと待っていた人たちからの署名がどっと集まってきたという状態でした。

署名数、急速に伸びる

そこからは、コロナ禍でできなかった分を取り戻すように、紙での署名数も急速に伸びていきました。北大路橋東詰、植物園北山門前、下鴨生協前、スーパー・イズミヤ前や葵学区の地域のお家を回ったりして署名を集めました。こうしてさまざまな場所で署名を集める中で、植物園北山門から植物園に来園する人が一番多いことが次第にわかり、植物園北山門前で毎週土曜日の一〇時から一一時の署名活動を定例にすることにしました。定例にすることで、集めた署名を持ってきてくれる人も現れるようになりました。夏は午前一〇時から一一時、冬は一三時から一四時に集めることが定着し、この定例署名活動は、二〇二四年三月末まで、合計一一八回行われることとなったのです。

（都築澄子）

第二節　驚異の伸びを示したネット署名の経験

ネット署名の準備

紙の署名準備の段階で、いち早くネット署名の開始に向けても動き始めました。他の社会問題で若い女性がたった一人で始めたネット署名がすごい数の賛同を得て、最終的に政治を動かした例があったように聞いていたので、「ネット署名は一人でもできる」ということは知ってはいました。しかし、ネット署名を団体として取り組むことを期待して「北山エリアの将来を考える会」で検討してもらうことにしました。一週間後の返事は「いいのではないか?」でした。「やってみましょう」でもなければ、「詳しく内容を聞かせてくれ」でもない、「勝手にやることには文句は言わん」でした。「これはダメだ! これでは相談していても一カ月以上かかる」と思ったので、翌日すぐに個人名でネット署名を立ち上げることにしました。悠長にやっている時間はありません。紙の署名作成時に署名の文面はすでに決まっており、植物園のきれいな写真も手に入れました。Change.orgのネット署名の主催者になる手続きは単純ですが、そのシステムを理解するのはそう簡単ではありません。教えてくれる人は周囲におらず、何とかChange.orgと連絡をとって、一応理解はしました。つくったＷｅｂサイトはこれです。

https://www.Change.org/Save_The_Kyoto_Botanical_Gardens

ネット署名開始

二〇二一年四月二四日、ネット署名の募集を開始しました。ネット民がもっとも動く時間帯である土曜日の午後一〇時をねらいました。多くの人がパソコンを見ている時間をはずすと、署名のシェアのメールが受信者のメールリストで後方に追いやられてしまい、日の目を見ない危険性がありました。開始数分で昔の職場の同僚A氏が署名してくれました。A氏はFacebookで一五〇人の友人をもち、すぐにシェアしてくれました。しかし、すぐには署名数は伸びず、数十分間は私とA氏の二筆だけでした。このまま数百筆で終わるネット署名も多いようです。「失敗したかな?」と思いつつ、結局その夜は三二〇筆で終わりました。

日曜日の翌朝はあまり期待していなかったけれど、パソコンを開くと、驚くなかれ四六三四筆も集まっていました。「もしかしたらいけるかも?」、そこからパソコンにほぼ張り付きました。午後に七〇〇〇筆になった時点で、世話人全員にメールで報告しました。それがすぐに伝わって、その日に開催されていた女性向けの地元の集会で紹介され、会場は盛り上がったそうです。二日目は最終一万九二六筆となりました。Change.orgから連絡が入り、一万筆はなかなかない数字で、記者発表を予定した方がよいとアドバイスがありました。

二日目の署名大爆発

三、四日目は二〇〇〇筆程度ずつ伸びましたが、その後は次第に勢いはなくなりました。毎日数百筆が続いて、一一日目の五月四日（祝・火）昼の午後〇時時点で約一万七〇〇〇筆となりました。成功と言っていい数字ではありますが、運動を動かすほどかどうかはわからない程度でした。

ところが、同日午後七時半、飛び込んできた数字は二万八五四四、一瞬何の数字かわかりませんでした。何と七時間で約一万一〇〇〇筆の大増加、この日の最終は約三万五〇〇〇筆の「大爆発」となりました。一日だけで約一万八〇〇〇筆増です。最高は一分間で四八筆増えていました。こんなに署名が増えていく経験はなかなかできません。翌日も「七〇〇〇筆」増、翌々日が「二〇〇〇筆」、その次が「一〇〇〇筆」と次第に落ち着いてゆき、一四日目には四万五〇〇〇筆となりました。この「一一日目の大爆発」の原因はいまだに判明していません。

ともかく署名提出と記者会見

二〇二一年五月二一日に京都府へネット署名四万七〇〇〇筆を提出しました（兵庫県三田市の「京都府立植物園を守る会」の署名五〇〇〇筆も提出しました）。「なからぎの森の会」の紙署名の方はまだほとんど集まっていませんでした。この時に京都府と初めて正式な話し合いの場を持ちました。記者会見も生まれて初めてやりました。署名提出は最終的には七回に及びました。京都府との話し合いも数十回となっていきました。

Twitterで美濃やまびとさんが植物園マンガを掲載

ネット署名は二〇二一年八月にようやく五万筆に到達しましたが、毎日の増加分はわずかとなっていました。そんな夏の終わりの八月二九日、突然署名数がドンと増え始めました。九月二日までのわずか五日間で一万筆増加し、六万筆を突破しました。原因は、アカウント名「美濃やまびと」さんという方が、植物園の大切さと開発の問題を解説する可愛らしいマンガをTwitterに載せてくれたかららしいのです。力強い味方の登場はまさに青天のへきれきでした。また、Twitterの威力をまざまざと知ることとなりました。すぐに美濃やまびとさんとメールで連絡をとりましたが、未だに会の世話人は誰もこの方と直にはお会いしたことがありません。プロのマンガ家なのか？　性別も存じ上げません。その後、ご本人の承諾を得て、このマンガを冊子にして宣伝に使わせてもらいました。

このようにネット署名は他力本願の面もあって、何が起こるかわかりません。この後も、同じようにどこかの誰かのお蔭で、署名が天から降ってくることをお祈りするしかありません。その後、数千筆規模のものは二度とありませんでしたが、数百、数十筆規模で突然増える日はありました。どこかの誰かにご支援いただいているなと感謝するのでした。

ネット署名の分析

ネット署名を京都府へ提出するときには、Change.orgから署名者の全員名簿をエクセルの様式でダウンロードします。それを毎回の増加分だけ整理して紙に印刷して提出しました。その名簿は大まかな住所もわかるので、ネット署名された六万六〇〇〇筆の分析をしました。すると京都府は九六〇〇筆で第二位で、第一位は何と東京都一万六三〇〇筆でした。人口が京都府の五倍あるのですが、人口比でも京都一位に対して東京は二位です。東京の方が京都のこと、特に京都府立植物園のことを大切に思っていることがよくわかりました。全国の京都府立植物園ファンの中には学生時代を京都で過ごされた方も多く、東京の方もそうなのかもしれません。署名数では大阪の方にもお世話になっていることがわかりました。滋賀県は人口比では第三位です。海外の方は五五カ国で五一六筆でした。以下のグラフの数字は概算で、住所不明の方も含まれます。

紙の署名とあわせた全体の署名総数は一六万三九〇四筆となりました。これについても各種署名ごとにグラフにしました。

そもそも、ネット署名とは

ネット署名については、「一人で何度も署名できるのではないか?」という疑問もあるとは思い

図表１　ネット署名の分析

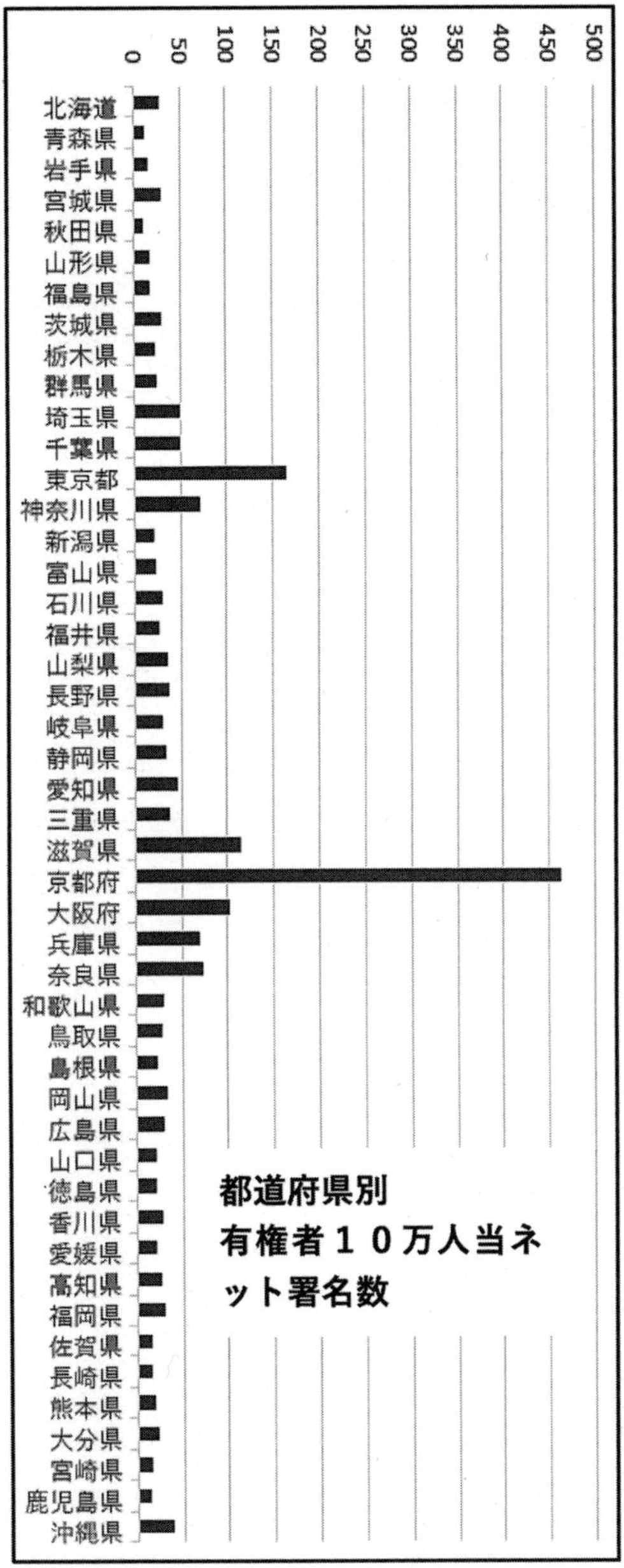

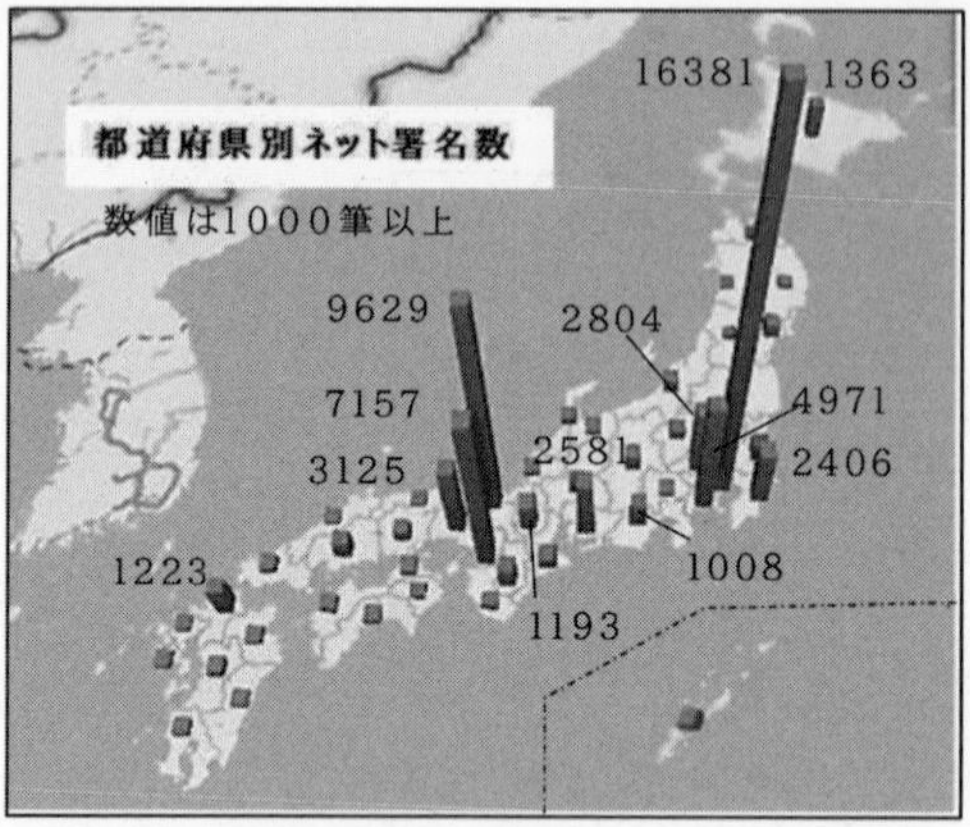
都道府県別ネット署名数
数値は1000筆以上
16381
1363
9629
2804
7157
4971
3125
2581
2406
1223
1008
1193

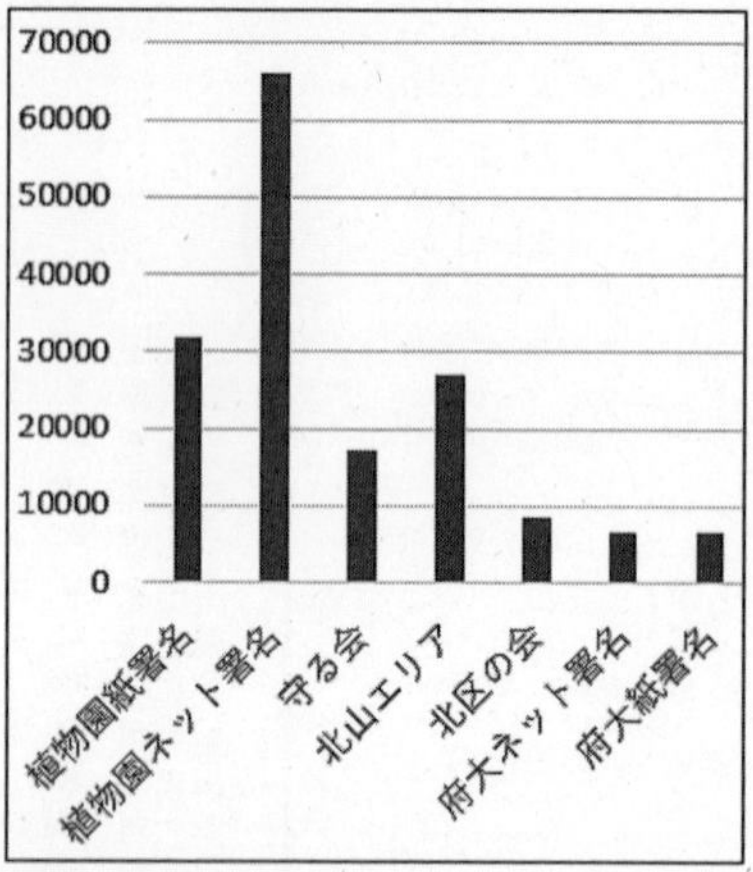
70000
60000
50000
40000
30000
20000
10000
0
植物園紙署名
植物園ネット署名
守る会
北山エリア
北区の会
府大ネット署名
府大紙署名

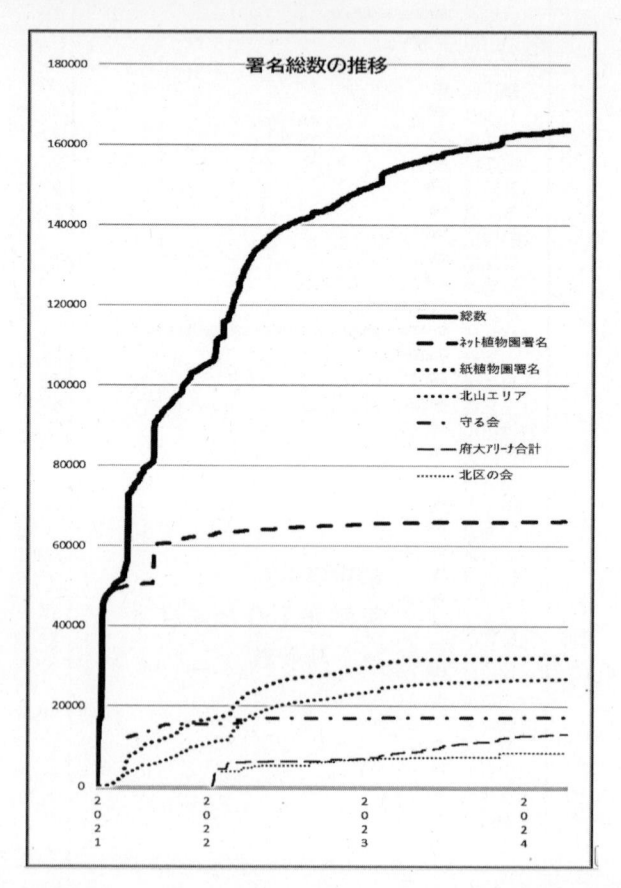

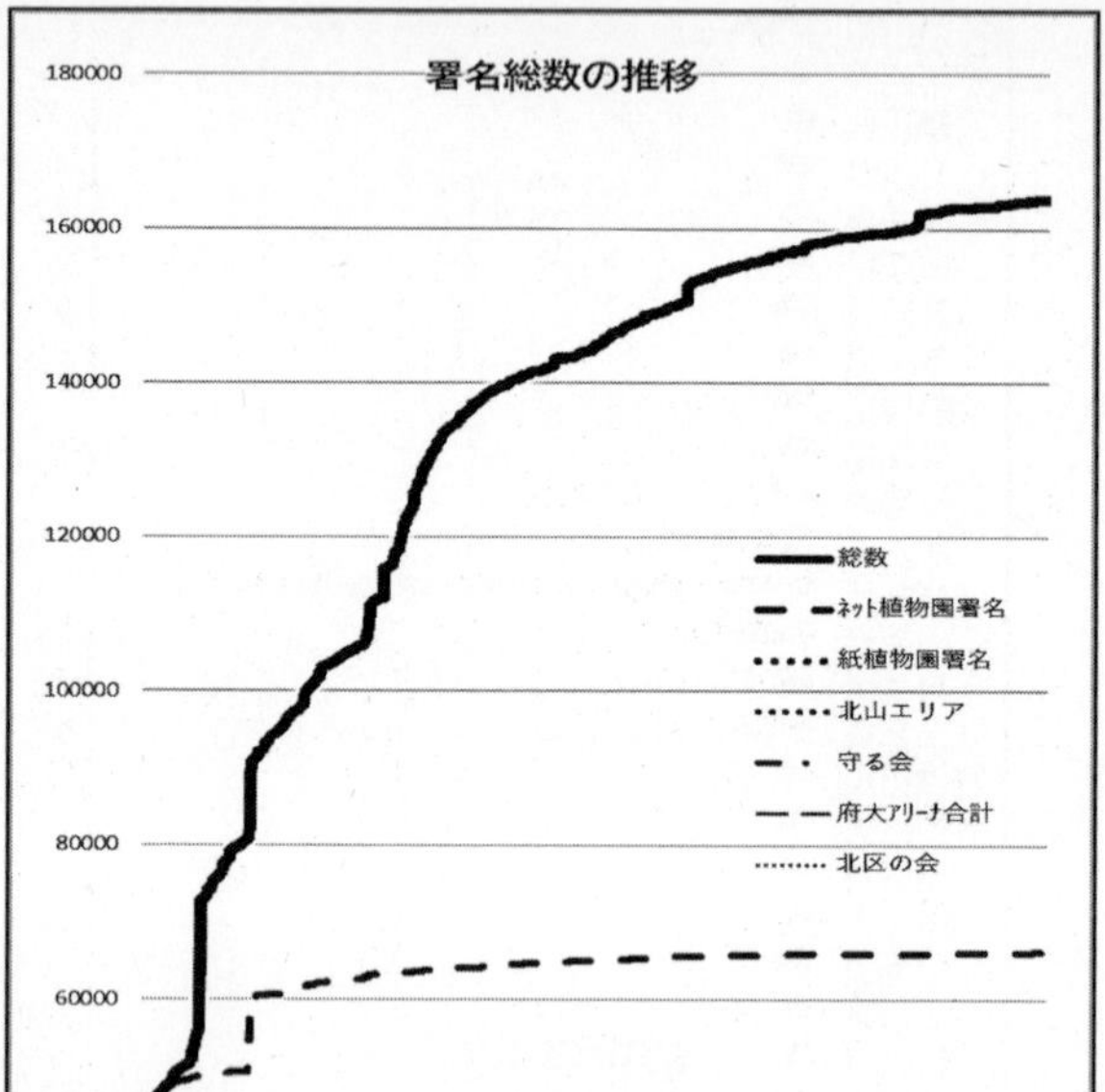
署名総数の推移
180000
160000
140000
120000
100000
80000
60000
40000
20000
0
総数
ﾈｯﾄ植物園署名
紙植物園署名
北山エリア
守る会
府大ｱﾘｰﾅ合計
北区の会
2021
2022
2023
2024

ますが、ネット署名は一つのアカウントで一回だけ署名ができることになっているので、原則的には一人一回しか署名できません。私たちの集める署名は「請願署名」で、厳密さを求められません。押印も要りません。住所と氏名があればよいのです。リコールのような「法的拘束力のある署名」ではないので、あくまでも「多数の市民が願っている」ことを相手に示すことが重要です。署名を受け取る自治体などもそのあたりは理解しているので、ネット署名であるからといって拒否されることはありません。

紙でもネットでも、署名が数千筆もあればそれなりの世論です。一万筆を超えるとインパクトは大きいようです。私たちのように一六万筆ともなれば、京都の分だけでも選挙に影響しかねない数字です。府会市会議員選挙は数千票、数百票差で決着がつきますから、議員にとっては死活問題です。府会市会議員選挙の時の公開質問状には左京区と北区の立候補者の約半数から返答をいただいています。

私はネット署名でChange.orgを利用しましたが、署名をするとすぐに寄付を募るメールがやってくることが気がかりでした。この寄付は署名の主催団体には一円も入らず、Change.orgの活動費になるそうです。初めてネット署名をされた方が、主催団体に寄付されるものと勘違いしていないか心配しています。Change.orgが私たちの運動の基盤をつくってくれたことに感謝はしていますが、寄付についての改善を希望します。

ネット署名の始め方

ネット署名で成功するために必要なものは

1、そもそも多くの方の賛同を得られるような内容であること。

2、キャッチーな呼びかけのフレーズ……私たちは、「京都府立植物園が危ない！　生きた植物の博物館の存続にあなたのお力をお貸しください！　The Kyoto Botanical Gardens are in danger!」でした。「京都府立植物園が危ない！」はインパクトがあってよかったと思います。

3、きれいな写真・図……私たちは京都府立植物園のきれいな写真を用意しました。これも重要で、植物園のすばらしい写真が署名の獲得に大きく貢献したと思います。

4、呼びかけ文……私たちは紙の署名と同一にしました。重複が多いと署名の信頼性が落ちるため、ネット署名と紙の署名のどちらかに署名するように呼びかけました。実際にはネット署名は全国からで、紙署名は地元が多かったので、重複はあまりなかったと思います。

5、署名の発信者と宛先が必要……発信者は個人名でも団体名でもかまいません。宛名は私たちの場合は「京都府知事　西脇隆俊様」としました。

署名の開始時間は土曜・日曜の夜二〇～二二時がいいでしょう。私たちは土曜日二二時でしたが、シェアを連鎖させるには遅すぎたかもしれません。これに失敗すると永久に見向きもされないかもしれません。また、署名開始までにできる限り「インフルエンサー」や「シェアしてくれる人たち」を数十人、数百人規模で集めておいて、署名開始と同時に「一斉シェア」をする「イベント」を企画するといいかもしれません。署名開始後も「シェアしてもらう」ことに注力するのです。

「なからぎの森の会」はその後ホームページを持ちましたので、活動の報告はそちらで詳しく発信を続けていますが、ネット署名の画面も有名になりましたので、こちらでも情報発信をしました。署名主催者はChange.orgを通じて、署名者六万六〇〇〇人への一斉メールを写真付きで送れます。これはとても有益です。しかし、メールを頻発するとChange.org経由のメールに飽きてしまって、メールが開かれなくなる恐れがあり、重要な局面で発信するようにしました。メールが目に留まるように、題目には「植物園」のフレーズを必ず入れるようにしました。

第三節　ハウツー署名活動

署名数を常に把握しておくことが、さらに集める原動力

署名数は毎日集計してホームページ等で発信し続けました。署名は全国の数えきれない協力者の力で進みました。ネット署名分、植物園北山門前の紙署名分、配布した封筒付き署名用紙の返信分、地元京都の地域や団体からの集約分などを、一手に集めて集計しました。ホームページからダ

ウンロードした署名用紙を使って郵送してくれた方もいます。初めて署名活動をされた方が多く、保守的な地域で初めて署名活動を行われた方からは、周辺にさざ波が立ったとお手紙をいただきました。北区の会などの他団体の独自署名についても署名数の情報を集計し、署名総数とともに発表しました。

多くの方々の努力の結晶である署名を、適当に積んでおくような活動では申し訳ないです。署名自体が「ムーブメント」になるように、署名の数が現在どこまで進んでいるのか、どの地域で進んでいるのか、把握している責任者が必要です。そして、ホームページ等で毎日署名数が増えていく様子がわかれば、協力者にもやりがいが出てくると思います。

（吉澤喜代一）

地域に署名ローラー作戦

北山門前の定例活動以外にも、生協やスーパーの前、河原町今出川や地下鉄国際会館駅前、出町柳駅前、地域のお宅を訪問しての署名集めを行いました。二〇二一年七月二五日には暑い中、総勢三三名が二名ずつの組になって、汗を流しながら植物園周辺の葵学区のお家に署名をお願いして回り、一七七筆を集めました。こうして、紙の署名は五月中に一〇〇〇筆を超え、六月末に六〇〇〇筆、七月末に九〇〇〇筆と数を急速に伸ばし、二〇二四年二月には紙の署名は三万一九八二筆となりました。

「署名はこちらへ」のステッカー

地域で署名を集めるために、協力してくださる方のお家の前に「署名はこちらで集めています」と書かれたステッカーを貼ってもらいました。各学区ごとの地図にその家の場所がわかるように印をつけたチラシを作り、署名用紙と一緒に周辺の地域に配りました。

しかし、この方法は正直にいうと失敗したといえます。現代の一般的な風潮なのか京都の風土なのか、署名を書いて隣近所の人に個人情報を知られることに抵抗があったようで、お家のポストに署名を入れてくれる人は少なかったのです。

定例署名活動の体制を整える

一方、府立植物園の北山門前での定例活動は徐々に充実していきました。最初は立ちながら対面で署名していたのを、コロナ対策もかねて机に署名板を置いて、署名してもらうようにしました。最初は二台のありあわせの机を使っていましたが、

北山門前での定例署名活動

さらに三台を購入しました。

また、「生きた植物の博物館・京都府立植物園を壊さないで！」と書いた横断幕を作り、「植物園を守ろう」と書いたノボリを三本作り、署名を集めている場所には必ず掲示するようにしました。大型のプラスターを何枚も作ってくれた方たちがあり、宣伝の場所には必ず持っていきました。何の署名を集めているのか一目でわかるようになると、自然とむこうから署名をしに来てくれるようになりました。のちに府立大学のアリーナ問題が大きな問題となってきてからは、「静かな大学の中に巨大な商業的アリーナいらない。学生のための体育館を」と書いた横断幕やノボリも作りました。

ショクダイオオコンニャク様・様

二〇二一年七月一七日に植物園の観覧温室で京都府立植物園で初めてショクダイオオコンニャクが開花し、大勢の人が植物園に訪れました。署名も五時間で五七五筆集まりました。ショクダイオオコンニャクの開花はテレビでも大きく報じられたことから、その後も来園者は増え続け、それにともない署名の机の前には行列ができる状態になりました。終了の時間になってもまだ「署名させてください」という方が現

2021年7月17日
ショクダイオオコンニャクが開花

れるので、終わるに終われないという事態も起こりました。「行列のできる署名屋さん」でした。

三〇年も咲いたことがないショクダイオオコンニャクが初めてこの時期に咲いてくれたことは、ただの偶然ではないのではないか……ショクダイオオコンニャク様が署名を集めて植物園が壊されるのを防ぐのに力を貸してくれた、そんなふうに感じました。私たちは温室に向かって手を合わせ、三年後の二〇二四年七月に再び開花した時にも、お礼を言いに温室を訪れました。


（都築澄子）

署名のために一瞬で足を止めてもらう方法

署名活動や宣伝活動をしている時にハンドマイクを使ってしゃべることがあります。この時に何を話せばいいのか、初心者にはこれがなかなか難しい。長々としゃべっても、通行人は誰も聞いていないし、何の活動をしているのかさえ伝わらないことも多いです。原稿も毎回用意しましたが、「読む」お話は迫力に欠けます。初心者は「えー」と話の最初についつい言ってしまうので、これにも気をつけるようにしました。

「なんでもいいからしゃべっておいてくれれば、署名活動の賑わいになる」、「毎週植物園の北山門前で署名活動をしていることが遠くからでもわかればよい」など慰められましたが、最終的には、「植物園がつぶされようとしています。署名にご協力ください」と呼びかけることにしました。歩いている人を「三秒で止めさせる」ことはできるようにはなりました。

京都一の繁華街、四条河原町の角で宣伝する機会もありました。京都人や国内外の観光客が通り過ぎていきます。大阪の梅田ほど急いでいる人たちでもないので、通り過ぎるまで数十秒はかかります。与えられた時間の中で、「京都府立植物園がどこにあるのか」から話し、とにかく「京都府立植物園」というワードを一〇回ぐらい入れるようにしました。「京都府立植物園」に何か問題が起こっているらしいとわかってもらえれば、それで十分でした。

このような「短くてわかる話」は聞く方の立場に立っていないと出てきません。この能力は経験も必要ですが、若いみずみずしい感性の方が勝る場合もありますので、年の功だけでは通用しません。話すからには「わかる話」をする、これはハンドマイクを持った「スピーカー」の永遠のテーマです。

（吉澤喜代一）

急ぐ人には後で郵送してもらう

その場で署名できなくても、署名用紙と返信用封筒を挟んだチラシを渡して、「後で郵送してください。この封筒なら無料ですから」と手渡しました。後日、郵便局に局留めの署名入り封筒を取りに行きました。郵便局留めは一〇日以上経つと差出人に返送されるため、ほとんど毎日、少なくとも二・三日に一回は左京郵便局に「今日は来てますか?」と署名用紙を受け取りに行きました。郵便局留めにする手続きは面倒ですが、最大二年間の期限を決めて一度申請しておけば、あとは郵便局詣でをこまめに行うだけです。最初は郵便局窓口で書類を見せて郵便物を受けとっていましたが、そのうちにすっかり顔パスできるようになりました。返信用封筒付きの署名は大ヒットで、その場では書いてもらえなくても、自宅でじっくりチラシを読み、納得した上で署名してくれたり、ご家族や知人の署名も集めてくれたり、たくさんの署名入り封筒が返ってくることになりました。

署名サポーターズ

定例署名活動には、世話人だけでなく、毎回いろいろな方がお手伝いにきてくれました。遠くは下京区や市外から来てくれる方、毎回素敵な着物姿で手伝ってくれる方、署名を集めたあとで自宅近くにチラシを配ってくれる方などがいました。署名の声掛けの仕方もそれぞれ独特で、手慣れた方も多かったです。時々上賀茂神社前の有名な焼餅を買って、署名場所まで車で差し入れしてくれる方もありました。

私たちは手伝ってくれる方をさらに募るために、「署名サポーターズ募集」のチラシを作って手伝ってくれそうな方に配り、連絡先などを書いてもらって登録することにしました。登録している人だけで一八人になりました。

約三二〇名の賛同者、署名サポーターの他にも、折につけ協力を申し出てくれた方が七六人、財政カンパをくれた方が無数におり、本当に多くの方たちにこの運動を支えてもらいました。

縁の下の力持ち、運転手さんありがとう

署名活動では、毎回机やノボリ、プラスターなどの資材をボランティアの方が自分の車で運んでくれました。開始の時間に資材を広げられるように早めに着き、帰りは終了時刻に迎えに来て、その方の都合が悪い時は、別の方が運んでくれました。毎週植物園北山門前まで車を往復して、荷物の積み下ろしも手伝ってくれて、本当にありがたいことでした。

2023 年 8 月 26 日定例署名活動 100 回記念写真

定例署名活動一〇〇回達成集会

二〇二三年八月二六日には定例署名活動が一〇〇回目となり、一〇〇回記念の集まりをサポーターの人たちと盛大に行いました。その後、二〇二四年三月末に定例場所で署名を集めることをやめるまで、総計一二八回の署名活動を行ったことになります。

右ページの写真で足元に広がっている白い紙に書かれているのは一〇〇回の署名活動の日誌で、署名数は計一万二九四七筆、参加人数は延べ一六二一人でした。

気になるお天気

署名活動の中心になった担当者は、毎週土曜日「晴れか、雨か、雪は降らないか」と、天気が気になって仕方がありませんでした。一週間の天気予報を見て、前日も天気予報を見て、その当日になって、朝に雨が降っていてもやがて晴れてくるのではないかと空を眺め、開催時間の二時間前ごろに降っていたら、「今日は中止します」と車の運転手さんに電話し、世話人にメールを出し、Facebook とTwitter とホームページに中止することを書き込むのに忙しかったです。定例署名活動を終了することになってからも、この癖はなかなかとれませんでした。

表面上は「雨が降っても、槍が降っても」署名活動は実施する、ただし、雷が鳴る時はやめるのが建て前でしたが、そこは人間です。署名活動が三年にもなると、さすがに、暑い夏と寒い冬の日には心の中では「土曜日、雨か雪降らないかなあ」という考えが密かに湧き上がるのを止めることができませんでした。

（都築澄子）

第六章　京都府の対応

第一節　京都府への働きかけ

「北山エリア整備基本計画」の見直しを求める相手は京都府です。京都府に対して申し入れや署名提出をすることが私たちの主な活動の一つでした。府職労連が「北山エリアの将来を考える会」の一員として申し入れなどの窓口になって調整しましたので、京都府も私たちにおざなりな対応をすることはありませんでした。

署名の提出・府担当者への申し入れ・記者会見

◆第一次署名提出　（二〇二一年五月二一日）

署名開始から一カ月が経ってネット署名の反響は大きく、短期間に四万八〇〇〇筆が寄せられました。また、兵庫県三田市の「京都

2021 年 7 月 2 日　第 2 次署名提出の前に京都府庁前でのアピール集会

府立植物園を守る会」の紙の署名五〇〇〇筆を合わせて五万三〇〇〇筆を提出しました。署名は編綴作業も大変でたくさんの簿冊になり、署名の簿冊を並べた時は壮観でした。署名とあわせて知事宛の要請書も申し入れました。府の担当者も実際の署名を受け取ってその重みを実感したようでもあります。署名を前に置いた私たちに、「植物園のバックヤードを縮小する考えはない。園の研究施設を充実させたいと思っている」と府の担当者も答えました。その回答は、北山エリア整備基本計画のイメージ図からは消えていた植物園のバックヤードを必要と認めるもので、見直しの最初の一歩でもありました。

署名提出をマスメディアにも公開し、提出終了後には記者会見を行い、京都新聞、毎日新聞、KBSニュースなどで報道され、テレビでも放映されて話題を呼びました。あらためて運動を一つ一つ可視化することの重要性を実感しました。

◆第二次署名提出（二〇二一年七月二一日）

この日提出された署名は新たに一万九〇〇〇筆で、第一次とあわせて七万二〇〇〇筆となりました。提出とあわせて知事宛の要請書を申し入れ、京都府は私たちが求めていた住民説明会を八月中にも開く意向を表明しました。

署名提出に先立って、正午から府庁正門前で開催された「植物園が危ない！　一万人のアリーナは必要？　北山エリアの自然と環境を守るアピール行動」には五〇人が集いました。京都府に向けて手書きのプラカードなどを掲げてアピールを行いました。その後、開会中の府議会各会派への要請を行い、その後、京都府への要請、署名提出、記者会見を行いました。本丸の京都府庁に向けてのアピール行動は初の取り組みで、府職員からも注目を集めました。続いての府議会各会派への要請はグループを分けて行いました。

署名提出は以下のように第七次まで続けました。

二〇二一年一一月一九日　第三次署名提出　二〇二二年三月二二日　第四次署名提出
二〇二二年九月七日　第五次署名提出　二〇二三年三月九日　第六次署名提出
二〇二三年五月一九日　申し入れ　二〇二三年一一月八日　第七次署名提出

◆住民説明会の開催を求める対府要請（二〇二一年八月三一日）

説明会が八月中に持たれない中、京都府がプロバスケットボールチーム・ハンナリーズの運営団体との意見交換を始める動きが新聞報道されました。「北山エリアの将来を考える会」、「京都府立植物園を守る会」、「なからぎの森の会」の三団体で早期に説明会を開催するよう、あらためて京都府に要請しました。

◆北山エリア整備事業手法等検討業務報告書の公開を求め、情報が一部公開される

九月二四日付で北山エリア整備手法等検討業務報告書の情報公開を請求しました。同報告書は、二一年度に京都府がＫＰＭＧに委託していた業務の成果物であり、府が次年度予算に向けて事業計

画を検討するための資料で、明らかにすべきものです。情報公開請求により一一月にようやく公開されましたが、ほぼすべてが「黒塗り」ならぬ「白塗り」になっていました。一部しか公開できない理由として、府は「公にすることにより、当該法人の競争上の地位その他正当な利益を害するおそれがあるため」と述べています。府民の税金で調査・検討を行った成果物です。肝心な部分がほとんど隠されたのは、この計画自身が問題を抱えていることを示すものです。

◆北山エリアの整備計画にかかる緊急要請（二〇二一年一〇月八日）

九月府議会において知事が「府立植物園の再整備をめぐって有識者による懇話会を新たに設置する」と答弁し、また、九月二四日に植物園に係る基礎検討資料が公表されるなどの動きをうけて、次の三点を要請しました。

①植物園の再整備だけでなく、北山エリア全体の整備計画について見直しをすべきです。とりわけ資金計画や周辺地域への影響を明らかにし幅広く議論を行うこと。

②有識者懇話会の設置の前に七月に約束された地域住民や当

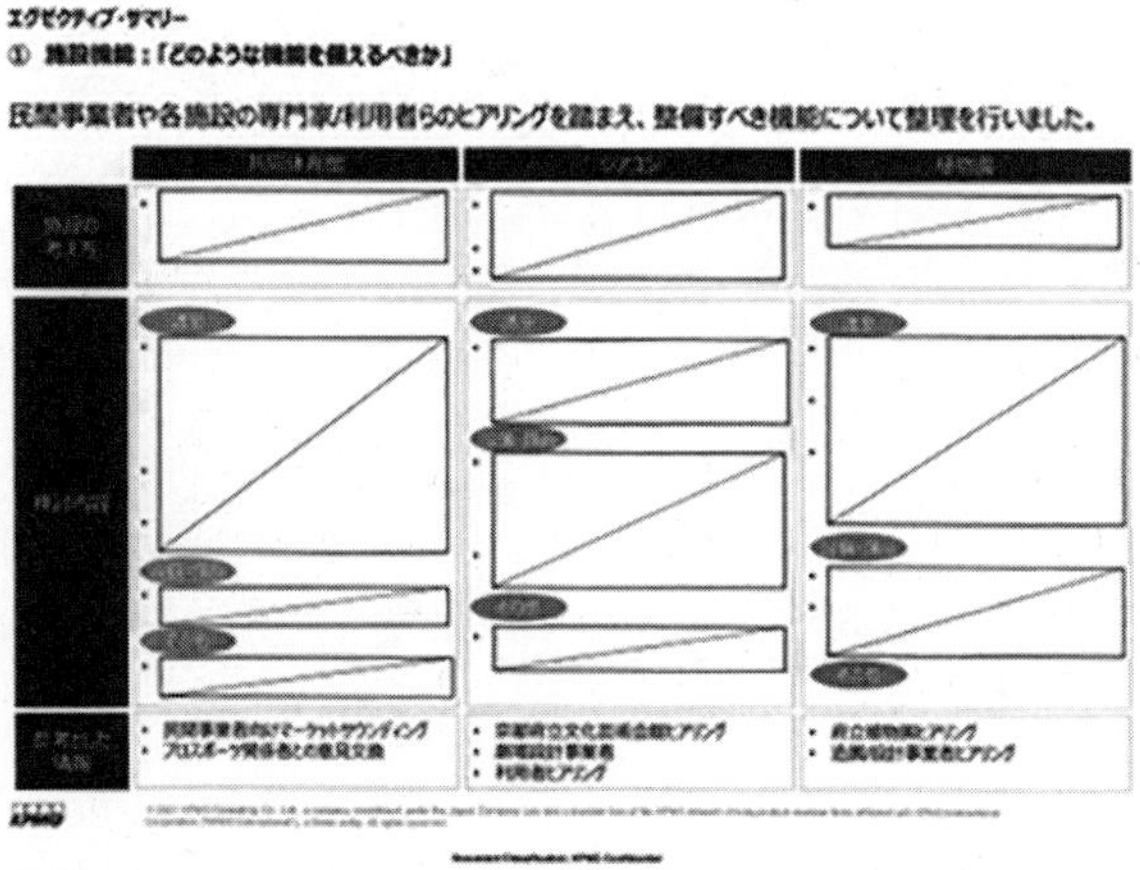
エグゼクティブ・サマリー

① 施設機能：「どのような機能を備えるべきか」

民間事業者や各施設の専門家/利用者らのヒアリングを踏まえ、整備すべき機能について整理を行いました。

白塗りの文書

事者への説明会の開催を行い、ゼロベースからの意見交換の機会を設定すること。

③有識者懇話会の設置にあたっては、北山エリア整備計画を一旦白紙に戻した上で、構成についても地域住民や当事者の意見や意思を反映できるメンバーとし、選定方法には公募も行うこと。審議は公開とし、地域住民の意見をしっかりと聞くこと。

府の担当者は、「状況を見て必ず説明会は実施したい。植物園については専門家の意見も幅広くいただきながら進めていきたい」と答えました。結局、説明会の開催は秋も深まった一一月八〜九日に二回に分けて計五〇〇人の参加で実施されました。

京都府への公開質問状

京都府に北山エリア開発の中身について住民に明らかにするように何回も要請してきましたが、誠意のある回答がないので、ついに私たちは京都府に対して公開質問状を出しました。二〇二一年一一月一九日の府庁周辺パレード・署名提出と同時に提出しました。公開質問状は次のようなものです。

①北山エリア整備基本計画全体について

北山エリア整備計画全体の整備費はどれぐらいを想定されているか。京都市の都市計画上第二種中高層住居専用地域である当該地域には認められない構造物の図面が記載されているが、法的に問題ではないか。ハンナリーズには先に説明し、本来先に意見を聞くべき地域住民他当事者への説明会がなぜ後になったのか。周辺の道路環境や住宅地、鴨川や植物園という自然を考えた場合、影響調査や評価、第三者での検証などのしくみは考えているか。

②京都府立植物園整備について

温室やバックヤードの移転は考えているか。移転する場合はどのような影響があると考えているか。植物園を縮小する考えはないということか。ウバメガシの生垣は植物園を守る役割を果たしているので生垣はそのまま残すのか。有識者懇話会のメンバーと回数・期限はどのように考えているか。当事者へのヒアリング・住民懇談会などの機会は計画されるのか。懇話会のメンバーに住民の代表は入れるのか。知事は世界の植物園を例示されたが、パドゥヴァ植物園（イタリア）は世界遺産にも登録（一九九七年）され、世界最古（一五四五年）であり世界最新（二〇一四年温室設置）の植物園である。植物園の周囲は塀で囲われ、入り口以外どこからも入れない。

一方で、整備計画はどこからでも入れるようなイメージ図になっているが、この矛盾をどう考えるか。研究型植物園に方針転換をされるのか。研究型植物園になれば、京都府立植物園条例にそぐわないものになると思われるがどう考えるか。イメージ図の南北の軸は、地下鉄北山駅から植物園の中をアリーナまで無料で通す構想か。東西の軸は、府大から賀茂川までを、府大と園の境界塀をなくして無料で通す構想か。植物園の東西南北の境界をなくし、人びとが自由に行き来できるようにすると、植物が守られない、盗掘、治安の悪化、土が踏み固められるなど、植物園としての機能が失われるのではないか。設置者は植物園と公園・庭園の緑の違いをどう認識しているか。

③アリーナと京都府立大学校舎整備について

二〇一九年のKPMGのアリーナ可能性調査では、一四〇億円から一五五億円と想定されている整備費を民間資金から調達するとあるが、見通しはあるか。調達できない場合は京都スタジアムのように京都府の一般会計や府債で整備されるのか。老朽化して耐震上も放置できない府立大学校舎整備がスケジュールではアリーナより後になるが、優先順位が違うのではないか。クラブボックスは現在のまま残るのか、移転・廃止されるのか。体育館としてアリーナ機能を持たせずに普通に整備する場合は、費用・期間はどれくらいになるか。できるだけコストを低減して期間を短縮する整備方向として検討すべきと考えるがどうか。

アリーナ建設が先にありきではないか。ハンナリーズへの支援は、京都市体育館や島津アリーナを拠点に支援することが現実的ではないか。また、長崎や神戸アリーナのように民間企業が独自に用地を確保して整備する方策は検討されたのか。アリーナは誰のための利用が想定されているか。学生の利用が妨げられたり、学生や大学の経費負担が発生することはないか。

④総合資料館跡地のコンベンション施設・ホテル建設について

コンベンション施設は民間業者が提案してくれればホテルも可ということか。

この公開質問状に対して一二月二四日に京都府から回答が来ました。内容は「検討中」が多くで進展のないものでしたが、「北山エリアの将来を考える会」としては府が回答されたことに敬意を表するとともに、かみあっていない点や疑問の残る点などについての見解を一二月二七日に表明しました。府から正式な回答が寄せられて府のホームページにも載ったことは（現在も載っています）、私たちの運動が大きな影響力を発揮している証でもありました。

（森　吉治）

第二節　住民説明会――「植物園を守れ」と圧倒的な声

私たちは運動を始めた時から京都府に対して「住民説明会」の開催を要望していました。前節で紹介した何度かにわたる京都府との交渉でも、署名を提出するとともに住民説明会を要望しました。府の担当者は「いずれ説明会は行なう」とは回答するものの、知事はその開催を明らかにはしませんでした。

一〇月初めには、元府立植物園長と前副園長の三名が、「植物園を守ってほしい」と記者会見を行いました。京都府の元職員でありながら、京都府知事に物を言うことは、かなりの覚悟が必要だったと思います。三人の意を決した記者会見は、府民・市民に大きな反響をもたらし、私たちも感銘を受けました。感謝の気持ちで一杯でした。さらにこの間、京都にある大学の教員や有識者が、京都新聞をはじめとする新聞各紙に「植物園の素晴らしさ」や「植物園の存続を願う」気持ちを表明しました。

そして、ついに西脇知事は一〇月二〇日の記者会見で「一一月八・九日に住民説明会を開く」と明言しました。私たちはさっそく「なからぎの森」号外を作って一万余枚を地域に配布し、ホームページにも参加の呼びかけを載せて、知り合いの方々に参加するよう働きかけました。説明会の参加には事前申し込みが必要な上、開催まで二週間ほどしかなかったため、私たちは、「たくさん参加して下さるだろうか？『開発計画』に賛成の人たちばかり参加するのではないか？」と心配しました。私たちが要望した説明会を「計画を見直す機会にするにはどうすればよいのか」と、仲間で相談しながら、当日の発言内容も吟味しました。説明会は二カ所で計五〇〇人の定員でしたので、どんな方がどのような発言をされるかはわかりません。私たち世話人は誰がどの会場に参加するか、発言の分担なども相談しました。

そして、八日の説明会当日、四〇〇人が定員の歴彩館の大ホールは一杯の人となり（グラビア⑦参照）、京都府の担当者による「北山エリア整備基本計画」の一通りの説明の後の質問では、多くの方が挙手されて、活発な説明会となりました。府立大学の学生からも「アリーナ建設ではなく、府立大学の教育環境を整えて」という発言もありました。九日も一〇〇人の定員が一杯だったようです。二会場合わせて三六人の発言がありましたが、一人の方が「条件付きで賛成」を表明した以外は、この「基本計画」に疑問を持っているか、反対の立場を表明する方ばかりでした。数年前に京都府が亀岡市にサッカー場を作るときの「説明会」では、賛否が拮抗する状況だったと聞いていましたが、それに比べると、圧倒的な参加者から「計画の見直し」が発言されたことに、私たちは大きく勇気づけられました。

説明会の終了後には私たちが呼びかけて、歴彩館前で自然発生的な小集会が開かれ、一〇名近い方が発言され、「これからも植物園を守って行こう」、「府立大学には巨大アリーナはいらない」という意見が沢山述べられました。

第三節　有識者懇話会と意見聴取会議の設置

私たちはこの説明会の結果と植物園・府立大学をめぐる状況を広く市民に知らせるために、一二月一九日に北文化会館で学習報告集会を開催し、三〇〇人の参加と一〇万円を超える寄付をいただきました。そこでは、総計二〇万の署名を集めることと、府民・市民に「基本計画」のねらいを広報することが目標となりました。

四月に知事選挙がおこなわれ、当選した西脇知事は「北山開発は前にすすめる」と述べて、有識者による①植物園整備検討に係る有識者懇話会、②共同体育館整備に係る意見聴取会議、③旧総合資料館跡地等の活用に係る意見聴取会議の三つの会議を設置して検討していくとしました。そこで、私たちはこの会議に毎回傍聴に行って、委員に私たちの要望とニュース「なからぎの森」を可能なかぎり送りました。そのためか、各会議では開発推進を主張される方は多くはありませんでした。

（鯵坂　学）

第四節　府の迷走の始まり

幾度にもわたって提出された一五万筆以上の署名や、住民説明会で計画の見直しを求める多くの住民の声があったにもかかわらず、京都府は新たな説明会を開こうとしませんでした。再度の住民説明会を開く約束はしていながら、いつになっても実行しようとしませんでした。

二〇二二年四月に行われた府知事選挙の選挙期間中、西脇隆俊京都府知事は北山エリアの整備基本計画の政策について一切言及しないでおいて、知事選が終わるやいなや「北山エリア計画を推進します」と表明し、計画を強引に推し進めてきました。しかし、多くの反対の声に押されたためか、五月三一日に京都府立植物園有識者懇話会を、八月九日に旧総合資料館跡地等と、同九日に共同体育館に係る意見聴取会議を始めたのです。後になって考えると、これが京都府の「迷走」の始まりでした。京都府は、それらの有識者や意見聴取会議委員に対して、あらかじめ計画の中身を十分に知らせないままに会議を開いたので、委員たちはそれぞれに一般的で表層的な願望を述べるに留まりました。これでは実りある話し合いがされないと、委員の皆さんに私たちの資料を送ることにしました。

京都府は、二〇二二年六月末から七月ごろには地域の一部の施設や諸団体の役員会に出向いて計画の説明を行いました。その内容は「老朽化した体育館を建て直します」というだけのもので、巨大な商業アリーナが府立大学の中に建てられることや、植物園の出入口を増やして公園と同じような施設にすることなどの説明は何もされていませんでした。これらの説明は地域の住民全体にされたものではなく、一部の役職者だけにされたものであり、私たちはたまたま参加していた方々からの報告で知ることができたのです。

フェイクニュース

「京都府からのお知らせ」というニュースレター・チラシが二〇二二年八月一日付第一号、九月一日付第二号、一〇月一日付第三号で、三度も植物園周辺の左京区と北区の約二万五〇〇〇戸に全戸配布されました。その内容は、「植物園にショッピングモールのような大規模商業施設ができるのですか」、「バックヤードが半分になるのですか」などのありえない質問を「よくある質問」として掲載し、地域の各種団体の長や市政協力員の会議などで出された都合のいい意見だけを並べたものでした。京都府の担当者に追及すると、「ショッピングモールの質問は電話が一度だけあった」そうです。少なくとも「よくある質問」ではないことが確認されていま

図表1　京都府が地域に全戸配布したチラシ

す。「ウソ」だったのです。

載せられていた図は北山エリア整備基本計画の図とはかけ離れた大雑把なもので、府立大学の体育館は老朽化しているから建て直しますというだけで、巨大アリーナについては一言も述べていません。さらに、京都府は八月二七日の京都新聞に紙面三分の一を使って、「京都府からのお知らせ　北山エリアの整備について」という同様の広告を掲載しました。

京都府ともあろうものがこのようなフェイクニュースを流すなんて、「まさか!」と私たちは唖然としました。これに対して、私たちは北山エリア整備基本計画の本質を知ってもらうために、ニュース「なからぎの森」一二号を、府が配布したのと同じ地域に全戸配布しました。そこには、府が北山エリア整備基本計画で描いているエリアの図を載せて、「学生の利用が基本であるならば、一万人収容の巨大アリーナは必要ないのでは?」、「植物園の出入り口を増やして、植物園は守られますか?　アリーナの植物園への影響は?」、「旧総合資料館跡地等の活用については、地域住民の意見も聞いてください」という反論を載せました。

ワークショップ

京都府は二〇二二年一一月二七日と一二月四日に、「北山エリア整備に望むこと(植物園を中心に)」、「旧総合資料館跡地の舞台芸術・視覚芸術拠点施設に望むこと」、「府立大学共同体育館に望むこと」というテーマで、ワークショップを開きました。会場はいずれも四条烏丸にある京都商工会議所の会議室でした。参加者の募集は、京都府内に在住または勤務・通学している一八歳以上の方で、各回定員一五名で合計九〇名でした。北山エリアの整備について幅広く府民の声を聴くために開くということだったので、もちろん私たちは応募しました。ところが、「なからぎの森の会」、「北山エリアの将来を考える会」、その他北山エリア整備基本計画の見直しを求める団体の関係者は一人も選ばれなかったのです。これまでの有識者懇話会と意見聴取会議には何人も選ばれて傍聴できていたのに、このワークショップについては誰も参加できなかったのです。確率から言ってこれはありえないことでした。とても公平に選考しているとは思えません。

これらのワークショップで話された議事録を見ると、各会では三班に分かれて、府から派遣されたアドバイザー(?)が絵入りのパネルに出された意見を書き出していったようです。その意見の中には「(希望する施設は)グランピングやキャンプの施設、宿泊できると夜の植物園も楽しめる。遊べる企画をつくってほしい」、「おしゃれなカフェ」という、植物園としてはありえないような意見や思い付きのような突飛な発想が多く見られます。このワークショップはこれらの発言を聞いて書き並べるだけで、真剣に府民の声を聴いてよりよい施策を探求していくものではなかったことがわかります。

情報公開請求と白塗り回答

京都府は北山エリア整備事業手法等検討業務を一五〇〇万円の予算でプロポーザル募集し、二〇二一年五月六日にコンサルタント会社ＫＰＭＧに決定したと発表しました。業務成果の一旦とりまとめ報告は二〇二一年七月二八日、最終報告は二〇二二年一月三一日としていました。

ところが、この中間報告が二〇二一年七月二八日にＫＰＭＧから京都府に報告されているはずなのに、一向に公表されないので、九月二四日に情報公開を請求しました。一一月二二日になってやっと公開されましたが、送られてきた文書はほとんどが白塗りで内容はわからないものでした。黒塗り「海苔弁」ではなく、「白塗りお化粧顔」でした（一〇一ページの図参照）。計画の費用やスケジュールがわかっているのに、一一月八日・九日に開かれた説明会でも公表されず、府民に情報を知らせようという気持ちが全くなく、秘密のうちに計画を進めようとしていることがわかりました。

この他にも、京都府とその関連団体の迷走は続きます。コンサルタント会社ＫＰＭＧは住民の意見を聞くことを条件に京都府から委託されているのに、私たちが要望しても全く会おうとしませんでした。また、京都府が「計画の中身はまだ決まっていません」と言う段階なのに、二〇二一年四月には京都市の「都市計画マスタープラン」の地域まちづくり構想編に「北山文化・交流拠点地区」として、そっくり同じ計画が加えられています。北山エリア整備基本計画の内容がほとんど見直されてきている二〇二四年末になっても、このプランはまだ取り下げられていないので、私たちは京都市に引き続き働きかけていくつもりです。さらに、京都府は、府立大学の体育館は学生のための共同体育館として建て直すものであると言い張り、プロバスケットボールチーム・ハンナリーズのホームアリーナになることを公けにしようとはしませんでした。しかし、これは全くの隠蔽工作でした。

このように、京都府は府民の意見に耳を傾けて筋道の通った施策をとることもできず、迷走を続けるばかりでした。

（都築澄子）

第七章　広がる運動

第一節　五つの団体がタッグを組んで

ここまで主に、「北山エリア整備基本計画」の見直しを求めて、どのような運動が行われてきたのかを紹介してきました。ここで、これらの運動団体がどのようにできあがっていったのかを簡単に振り返ってみましょう。

第三章でも触れたように、運動の先鞭をつけたのは、植物専門家を中心とした「府立植物園を守る会」の署名運動でした。しかし、この「整備基本計画」は府立植物園だけではなく、植物園を中心とする、府立大学・旧総合資料館跡地活用に関わる広範囲の「北山エリア」全体の計画でした。ですから、地域の運動を進める上で、どうしてもこの「エリア」全体を考える組織が必要で、それは「北山エリアの将来を考える会」が担いました。

「北山エリアの将来を考える会」は、二〇二一年三月一八日に正式に結成され、北山文化環境ゾーン（植物園・府立大学・旧総合資料館跡地など）の整備計画と問題点について、以下のような立場に立って、連絡会としての役割を果たすことになりました。

① 地域住民や学生・教職員をはじめ当事者に知らせる。

② 植物園をはじめそれぞれの施設が持つ役割や価値を発信していく。

③ 府大学生の学ぶ権利と自主活動を守る。

④ 京都の文化・スポーツ団体の自主的活動を発展させることを目的に、北山エリアの将来のあり方について考え提案し、さまざまな取り組みを進めていく。

構成は、次の五つの団体です。「府立植物園を守る会」、「京都府立植物園整備計画の見直しを求める会（なからぎの森の会）」、「植物園の環境と景観を守る北区の会」、「北山エリアを考える府立大学関係者の会」。各団体からの代表者で事務局を構成し、活動報告などの連絡調整のため月二回ペースで事務局会議を開催しました。京都府の対応を聞くため、日本共産党の府会議員の方とも連絡しました。

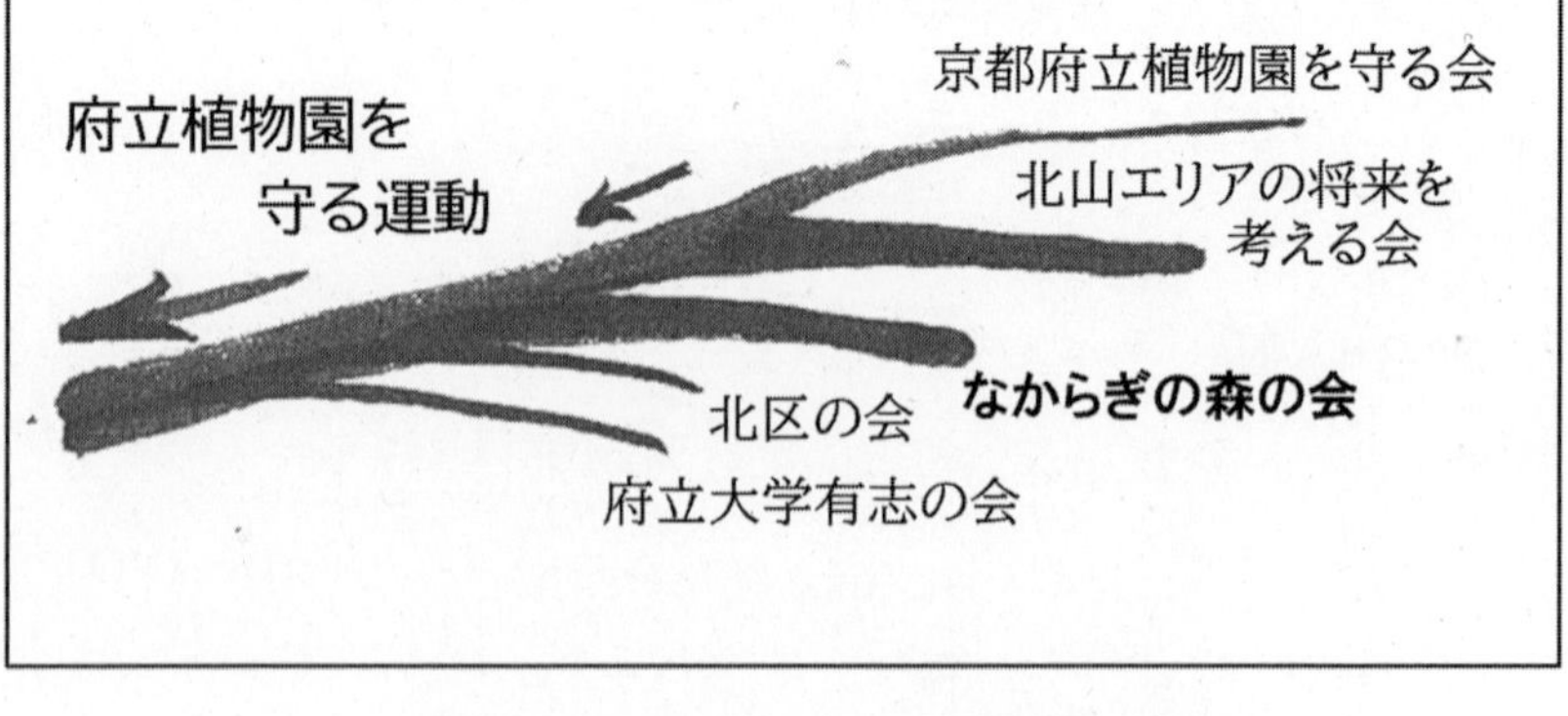

図表1　府立植物園を守る運動団体の流れ図

「北山エリアの将来を考える会」は、京都府への申し入れ交渉、メディア発信、記者クラブへの資料の投げ込み、さらに、節目ごとの学習会・報告集会やパレードなどの具体的申請の実務を担っています。このように「北山エリアの将来を考える会」は運動のゆるやかな連合体ではありますが、京都府への諸要請において、各団体をまとめる組織として機能しました。その際、府職労連のもつノウハウを大いに活用しながら、とりわけ実務面で運動をバックアップすることができたと思っています。

（磯見吉勝）

「植物園の環境と景観を守る北区の会」の運動

「植物園の環境と景観を守る北区の会」は、二〇二一年七月八日に結成されました。「北区の会」の取り組みを差異化するために、京都府だけでなく京都市への働きかけを重視しました。二〇二〇年一二月に京都府が公表した「北山エリア整備基本計画」を受けて、京都市は二〇二一年四月に「北山文化・交流拠点地区」の地域まちづくり構想を京都市都市計画マスタープランのなかに位置付けました。その内容は、府の「基本計画」の引き写しになっています。もともと府大キャンパスへの巨大アリーナ建設や旧総合資料館跡地への劇場・ホテル建設などの府の計画は、都市計画策定にあたって市が遵守すべき法令に抵触しています。「北区の会」では、こうした点から京都市に対し、説明会の開催の要求や地域まちづくり構想「北山文化・交流拠点地区」を都市計画マスタープランから削除するよう要求し、請願・陳情活動を行いました。京都市の都市計画課への陳情では、「北山文化・交流拠点地区」構想自体が「京都市の都市計画制限」と矛盾していることを指摘しましたが、「まだ京都府から計画についての具体的な連絡がないので静観している」という回答でした。市が府に追従して主体的判断を下そうとせず、府の北山エリア整備計画に必要な規制緩和の実施をあらかじめ約束しているような印象を持ちました。このような請願・陳情活動とともに京都府・京都市宛の署名にも取り組みました。京都府宛の署名は八三八〇筆、京都市宛は七二〇〇筆集まりました。これらの署名は街頭で行うと同時に、郵送でも取り組みました。その際、署名してくれた方の意見・感想などを記入してもらって、これを集約しました。署名を返送してくれた六八名の中には、九〇筆の署名を集めてくれた方や、「最初は賑わいをつくる北山エリア整備に賛成であったが、訴えを読んでみて内容がわかり反対することにした」という意見を寄せてくれた方もいました。

また、五団体の枠組みとは別に、「北区の会」で北山エリア再開発問題やその財政的スキームとされるＰＦＩなどに関する学習会、船岡山公園での集会（参加者一三〇名）などに取り組みました。二〇二二年には写真パンフ「京都の植物園と周辺をぐるぐる『わが町ぶらぶら再発見』」（Ａ四、一八ページ）を作成しました。このパンフは一〇〇〇部印刷し、ほぼ一年で完売しましたが、植物園とその周辺環境を守ることの大切さと北山エリア再開発の問題点を可視化する上で役立ったと思います。

「北区の会」としては、今後も植物園の「生きた植物の博物館」としての本来の役割と整合性を欠く要素が持ち込まれないか、注視する必要があると考えています。

（瀧本正史・五十嵐尤二）

「府立大学関係者の会」の運動

府立大学関係者の会とは「北山エリアを考える学生有志の会」「同卒業生有志の会」「同教職員有志」の連合体です。私は二七年間府立大学の教員を務めて府立大学に育てられた恩義もあり、「よっしゃ！　府大のためにひと肌脱いでやる！」とささやかに意気込んで、二〇二一年四月の「なかぎの森の会」発足の後に同会の世話人になりました（旧友の同じ社会学研究者の鯵坂氏曰く「府大関係の方が入ってほしいんや」）。そして、運動の中で知ったのは、すでに「その計画ちょっと待って！」という初ビラを作成していた学生有志の会や若手の卒業生の会の存在でした（あとのコラム参照）。「最近の学生は……」とよく中高年が嘆く中で、「今どきやるな！　頼もしいな！」と感嘆したものでした。

そこで、当然の成り行きとして、彼らとのコラボの必要性が浮上します。二〇二二年三月に府立大学関係者の会を組織しましたが、私たち初老の退職教員が現役学生たちと運動のアレコレについて相談するのはとても楽しかったです（年の差は約五〇歳ですからね）。また、同年一月には若手の卒業生の技術で「巨大商業アリーナはいらない」というネット署名を始めました（最終六六〇七筆を達成）。そして、同年の春から夏にかけて、学生有志の会は学内公認団体となり、学生アンケート、学生の要求を連ねた七夕飾り、対学長談判をするなど大活躍しました！　さらに、初めて「関係者の会」の名で市議会議長へ陳情書の提出や対府庁要請行動を実現しました。これは「なからぎの森の会」のロビー活動のノウハウのおかげでした。

こうなるともうイケイケ状態です！　同年八月にはオールド卒業生たち（七〇歳超えの昔の府大学生自治会役員の方々）が合流し、九月には別のオールド卒業生たちの略称「府大施設の充実を求める会」ともコラボし、ネット署名に続いて紙署名も始めました（最終六五五三筆を達成）。さらに、二〇二三年一月には略称「住居〜環境デザイン学科の輪」（新旧両学科の教員・卒業生のつながり）が集会を開催し、ここに至って、現役教職員、旧教職員、現役学生、新旧卒業生たちの大きな広がりができました。そして、いよいよ関係者の会のパワーアップ全開の時です！　同月に学生有志の会があの懐かしのタテカンを学内に常設したのを皮切りに、二月に府議会議長に提出した陳情書は府大体育会・文化会の名も入ったオール府大もので、府大の多くの団体・構成員が陳情する形となり、三月の対府庁要請行動では学生も初めて記者会見に臨み、ついに四月の「共同体育館に係る意見聴取会議」（専門家会議）で座長が「アリーナ二〇〇〇人席の縮小案」を提示するに至ったのです。

　ところで、私たち関係者の会が単独で行った同年一一月の三回目の対府庁要請行動は、同日一八時台のＮＨＫニュースと翌日の京都新聞（写真入り）で報道されて、私たちのささやかな自慢になりました。

　こうして振り返れば、学生たちの先進的な活動を私たち関係者の会が後押しした形が良かったと思います。学生たちはあらゆる集会にしたたかにカンパ箱を携えていました。リーダー格はみんな女性でした。初老の教員と学生が一緒にタテカンを製作した姿は忘れられません。学生のビラのデザイン作りは驚異のスピードでした。残る課題は山積ですが、懐かしい良いことばかりが思い出されます。

（高原正興）

コラム

府立大学学生有志の会

京都府立大学学生

「北山エリア整備基本計画」が発表されてからも、京都府から学生に対して直接計画を説明し、学生の声を聴く場がつくられることはありませんでした。学務課を通して京都府へ提出された一部の学生（クラブ・サークルの代表者）の質問・意見は、「一万人規模まで収容できるような大規模施設はいらない」、「なぜこんな施設をここに建てるのか」というような疑問や不安で埋め尽くされていました。しかし、京都府はそのような学生の切実な意見に対して、「国際大会も開催できるような規模の施設を考えている」と回答するのみでした。

京都府のこの対応を受けて、意見を出したほとんどの学生は、「これはもう決定事項で、ここから変えることはできないんだ」と声を上げることを諦めました。こうして、当事者である学生が「やめてほしい」と声を上げても届かず、そもそも大半の学生はこの計画を知らされていない中で、諦めのような雰囲気が学生に広がっていきました。

そのような状況を受けて私たちは「北山エリアを考える学生有志の会」を作りました。学生にこの計画を周知する活動と、学務課だけでなく京都府に直接「質問」ではなく「やめてほしい」という学生の声を要求として伝え、計画の見直しを求める活動をするサークルです。

メンバーが大学を卒業していくということもあって、規模はそんなに大きくありませんでしたが、大学関係者の協力も得ながら活動を継続させていきました。「なからぎの森の会」の方々とも一緒に何度も京都府に要請に行き、学生の声を届けました。「進路が不確定な学生は将来のためにそんな活動はしない方がいい」といわれる社会の中で、同じ要求を掲げて運動をされている「なからぎの森の会」の方々と協力できることは本当に心強いことでした。

学生有志の会の活動が大きく実を結んだのは二〇二二年のことです。メンバーから七夕にちなんだイベントをしようという意見が出て、同時に学生対象のアンケートを集めることになりました。府立大学の合同講義棟という建物の入り口に七夕飾りをつけた笹と短冊を設置し、願いごとを短冊に書いてもらってアンケートの回答を募るイベントを実行しました。それが大成功してアンケートは四〇〇件（府立大生全体の二〇%）以上集まり、それを京都府や学長に届けることによって、アリーナ計画の対案となる、府立大学に本当に建ててほしい「学生のための体育館」案を作成するためのワークショップを大学が開くなど、計画に対して大きな影響を与えることができました。アリーナではなく、そのワークショップでできた案の実行を京都府立大学が京都府に求めたことによって、府立大学でのアリーナ計画は止まりました。

しかし、府大アリーナ計画の発端となり、計画を進める根拠として京都府が言っていた「府立大学体育館の老朽化への対処」は、アリーナ計画が実行できないとなった途端に何も言われなくなりました。私たちは計画の見直しと同時に、耐震基準を満たしていない校舎・体育館を速やかに耐震化することを京都府に求めてきました。それが私たちが集めた多くの学生の要求だからです。私たち学生は、命の危機を感じながら大学で授業を受けています。府立大学の耐震化がもうこれ以上後回しにならないように、新名称の「府立大学を考える会」は活動を継続させていきます。

コラム

府立大学卒業生有志の会

京都府立大学卒業生

府立大学での「一万人アリーナ」建設計画の話を知ったのは、二〇二〇年末でした。私は大学在学時に学生自治会再建の運動をしており、府大のその後に関心を寄せていました。巨大アリーナが建てば、私たちが享受してきたすばらしい環境が壊される危機感を覚えました。卒業生の立場で何かしたいと考え、当時の仲間などに声をかけ、二〇二一年秋に「北山エリアを考える府大卒業生有志の会」を結成しました。全国にいる若い世代の卒業生有志で、オンラインツールを使用したミーティングを行いながら活動してきました。

まずは府大の長谷川豊先生を招いてアリーナ建設の問題点を学習して、ＳＮＳアカウントを作成し、卒業生の立場からの思いを社会的に発信してきました。「何を」「どういう形で」発信するのか何度も議論を重ね、京都府立植物園などの魅力や、府大キャンパス内の建物の老朽化を放置してアリーナ建設を進める問題などを投稿した結果、多くの人に見てもらうことができました。また、若い世代の卒業生だけでなく、年配の世代の卒業生の方々も「巨大アリーナはやめて、府大施設の充実を求める会」を結成されて、集会や独自の署名活動を行いました。こうした活動の積み重ねによって、府大での「一万人アリーナ」建設を撤回に追い込むことができ、非常に嬉しい気持ちです。

しかし、私たちの運動はまだ終わりではありません。老朽化した体育館や校舎がいまだに建て替えられずに放置され、学生・教職員の皆さんが安心して学び研究する権利が保障されていない現状があります。卒業生も誇れるすばらしい府大を未来に引き継いでいくため、微力ながらも引き続き頑張ります。

第二節　協力者が続々と

私たちに救いの神が現れました。自主的にチラシを作ってくれる方が二人も出てきたのです。一人は賀茂川から見た植物園の景観が壊されることを憂えて、自分で賀茂川から植物園・比叡山を見渡した美しい風景の写真を撮影して、チラシを作って提供してくれた方です。もう一人はマンガを描くことが得意で、マンガで「京都府立植物園を守るために」というチラシを作ってくださいました。この方は未だに「美濃やまびと」さんというハンドルネームしかわからない、謎に包まれた方です。どちらのチラシもわかりやすく、的確に植物園をめぐる問題の核心をついていて、大変好評でした。二つとも増刷を重ねて、賀茂川風景の写真チラシは八〇〇〇枚、マンガチラシは四万八七〇〇枚を印刷して広く配布しました。美濃やまびとさんのマンガチラシは、二〇二一年一〇月一三日に京都新聞に二万八七〇〇

図表2　この風景を変えないでチラシ

枚を折り込んで配布しました。

他にも、「森の木の精さん」、「カエルさん」と私たちが呼んでいる着ぐるみを着た方たちもパレードの時などに来てくれました。「森の木の精さん」は木のかっこうの衣装を着ていて、頭上に生えている木の葉っぱは季節によって色が変わったりします。そして、驚いたことに、河原町三条で宣伝した後、そのままのかっこうで地下鉄の駅から帰って行かれたのです。私たちは、木の精さんが植物園の危機にじっとしておられず、府立植物園にある「なからぎの森」から力を貸しに来てくれたのだと思いました。「森の木の精さん」は署名宣伝一〇〇回記念集会の時にも駆けつけてくれて、森からの励ましの言葉をもらいました。「カエルさん」も何度かパレードに来てくれて、暑い中を歩き通してくれました。

この他にも、会のアピール文を英語に訳してくだ

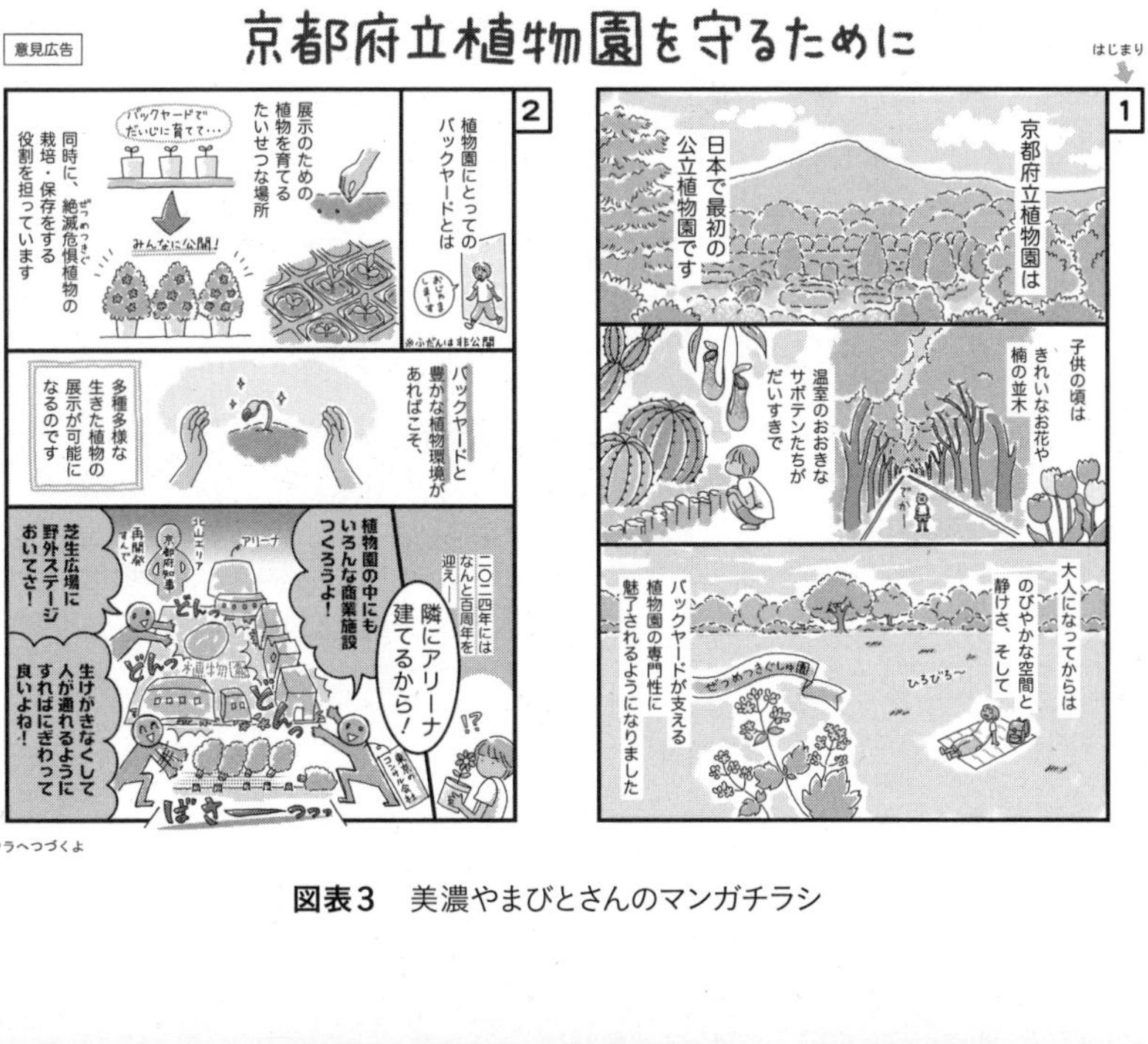

図表3　美濃やまびとさんのマンガチラシ

さった方など、いろいろな方に協力していただきました。

（都築澄子）

植物園元園長さんたちが記者会見

京都府が「北山エリア整備基本計画」を公表した後の二〇二一年一〇月五日に、府立植物園の元園長たちが意を決して「植物園を守ってほしい」と記者会見を開きました。私たちの関知しない突然の記者会見だったので驚き、同時に、元植物園管理者という立場にもかかわらず、勇気をもって会見されたことに感謝でいっぱいでした。

記者会見では、「このままでは府民とともに歴史を刻み守ってきた府立植物園が大きく改変されてしまう」という危機感と、「北山エリア整備基本計画」のイメージ図から、植物園が「緑空間の多い公園」になると感じざるをえないこと、さらにバックヤードの重要性や人材確保への言及が見当たらないこと、半木の道からの人の流れはバックヤードを無視しており、その重要性を全く理解していないこと、などを話されました。

特に、人員確保は大きな課題であり、地道な努力で何度も珍しい植物の国内初開花に成功し、そ

府立植物園再整備計画

元園長ら見直し訴え

京都府が進める府立植物園（京都市左京区）の再整備について、元園長ら管理経験者3人が5日、京都市上京区の府庁で記者会見を開き、府の基本計画に対して見直しを訴えた。にぎわいや人の流れをつくることを目指す案に「本来の植物園の姿からかけ離れている」「植物園の本質が分かっていない人が作った計画だ」と真っ向から批判した。

記者会見を開いた（左から）元副園長の西原氏、元園長の松谷氏と金子氏＝5日、京都市上京区・府庁

会見は9代目園長の松谷茂氏（71）と10代目園長の金子明雄氏（69）、元副園長の西原昭二郎氏（61）の3人が開いた。

府は昨年12月、府立大や旧総合資料館跡地などを含む北山エリア（計約38ヘクタール）の整備基本計画を策定した。植物園については園北側に商業施設、園西側には新たな出入り口を設けるといった案を盛り込んだ。

バックヤード機能無視

「本来の姿からかけ離れる」

3人は懸念する点として、園内で希少種などを育てるバックヤード（約2ヘクタール）やそれに従事する人材を確保するという言及がないことを指摘した。現在も松谷氏は「植物園の花は咲いているのではなく、実は咲かせている。基本計画ではそうした栽培技術やバックヤードの機能を無視している」と憤った。

一方、西脇隆俊知事が先月22日の府議会代表質問の答弁で整備の参考として海外の植物園を例示したことに触れ、松谷氏は「（海外の植物園は）園の舞台裏を支えるバックヤードが広い。そういう植物園を目指してほしい」と要求した。

府の再整備を巡っては、近隣住民らが年明けから署名活動を通して反対を求めている。松谷氏ら3人は「自分たちは反対運動を主導しているわけではない」とし、あくまで専門的な見地からの訴えだと強調した。

府によると、整備の具体的な内容やスケジュールは固まっておらず、今後専門家や利用者を交えた懇談会で検討するという。（木好拓実）

2021年10月6日付　京都新聞掲載

の成果を論文にして植物園のレベル向上に努めてきました。さらに、栽培担当職員の増員が必要であり、研究型ではなく総合植物園ということが府民の評価を受けてきたとも言われました。

さらに、賑わい創出の引き換えに植物園敷地を減少させることは本末転倒であること、北山通沿いのエノキなどの大木は賀茂川原植生樹木として貴重な樹林帯で、府が率先して保存すべきであること、野外ステージは大芝生地に似合わず、府の計画「イメージ図」の各所に見える「⇔」は無料化の布石かと懸念することなど話されました。そして、最後に「一〇〇年以上前に先人たち（第一〇代京都府知事・大森鍾一氏、三井家同族会など）が抱いた植物園建設に対する熱き思いをないがしろにしてはならない」と訴えられました。

この記者会見以降、京都府の対応は大きく変わったと思います。これまでにも、府担当者から「バックヤードの縮小は考えていない」と、その場しのぎとも思える発言がありましたが、記者会見後の一〇月一五日に、西脇知事から正式にバックヤードは縮小しないという発言があったのです。


（磯見吉勝）

コラム

京都府立植物園への思い

第九代京都府立植物園長　松谷　茂

歴史のある町には必ずと言っていいほど〝植物園〟が存在し、今もなおホンマモンの植物園として機能しています。ローマ、フィレンツェ、ピサ、ロンドン、パリ、シドニー、ウェリントン……、挙げればきりがありません。京都府立植物園は生まれて一〇〇年が経過し、世界の老舗植物園の足元にようやくたどり着きました。たかが一〇〇年です。

一〇〇年以上も前に、この地に「日本一の植物園」を、との構想を立ち上げた多くの先人たちは、想像をはるかに超えるさまざまな困難に直面し、その度ごとに立ち向かっては乗り越えてきました。戦後、連合軍による接収という最悪の危機に直面して閉園寸前にまで追い詰められたことは、国策だから当時やむを得ない状況にあったとはいえ、歴史的事実として絶対に忘れてはなりません。入園者の減に伴い（最大の年間一四四万人から六〇万人を下回る）、設置者側から指定管理者あるいは独立行政法人への移行を打診されたこと、また、サッカー専用競技場の候補地として浮上したことなど、府立植物園は艱難辛苦の歴史に翻弄されました。その延長線上の「北山整備計画」が実行されれば、先人たちの思いは断ち切られ、京都府立植物園は完全に絶滅していました。京都府農林水産部林務課から植物園に赴任した当初、イロハのイの字もわからず戸惑いの連続でしたが、先輩職員や先輩園長の背中を見続けながら、府立植物園とは、その存在意義は、誰のため何のため、などを突き詰めて考究し続けました。悩んだ結果、一〇〇年前の先人たちの思いにたどり着き、以来、初心を尊び、その思いを継承し、揺るがない信念として貫徹してきた自負があります。彼らの思い描いた植物園は一〇〇年をはるかに超えた先にあり、世界トップクラスの植物園がそうであるように、世の中の社会的経済的状況がいかように変化しようとも、「凛としたホンマモンの存在」であり続ける姿を見据えていたに違いありません。

現役を退いた今、外野から物を言うことしかできませんが、京都府立植物園はホンマモンの植物園であり続けてほしいと願います。公園でも庭園でもない、まして、植物と関係ないイベントを行って高額の入園料を徴する貸会場でもありません。「世界の生きた植物を生かしたまま栽培管理を続け、その姿・花を府民・国民に展観させる」。府立植物園は府民（今や国民・世界の人びと）のためにあります。本質と使命を一瞬たりとも忘れてほしくありません。税金で成り立つ施設の証左・「府立」の冠の意味は深く重く、受益者たる京都府民のみならず、国民・世界の人びとに対してホンマモンの植物を還元することが課せられた役割です。表舞台を支える舞台裏たるバックヤードは目立たなくて地味な存在ですが、植物園の心臓部であり、世界の植物を栽培し花を咲かせるとてつもない苦労を、設置者側のすべての人に理解させる努力をし続けてほしいと思います。地方自治法改正による指定管理者制度の発効後、設置者側と現場との間には溝が生じて深くなるばかりに思えてなりません。本来、両者の思いは一つのはずですが、設置者側は植物園を単なる「緑の多い空間」としてしか見なしていないように思う時が今もあり、最たるものの一つが「北山整備計画」と思っています。

府立植物園は府立大学とともに知の拠点の一角を占め、閑静な地域のシンボル的存在でもあります。方向性を間違えることなく、地域とともに歩んでほしい。尊敬され、敬意をもって門をくぐってもらえる植物園であり続けてほしいと思います。

コラム

記者会見への思い

第一〇代京都府立植物園長　金子明雄

示された整備基本計画の内容は世界の植物園ではありえない計画でした。園を管理していた者として、計画への懸念や問題点が府民・市民に伝わればと思って会見に臨みました。計画には、賑わい、交流、研究など植物園が良くなるような言葉が躍ります。しかし、府立植物園は植物の収集・保存・栽培育成、そして、展示をして花・植物を見てもらう場所です。憩いの場だけでも研究の場だけでもありません。花を咲かすために栽培技術の研究をして、毎年同じ花が咲くようにしなければなりません。

来園者が多くなることは好ましいことかもしれませんが、逆に集中すると通常は通らない所まで踏み固められる恐れがあります。植物が根元を踏まれることは、生育に大きく影響します。土が固まって根が呼吸できなくなるからです。また、ウバメガシなどの垣根を取り払うことは、防災・盗難の他にも、園内が乾燥して湿性植物やきのこ類が影響を受けます。見えているところにだけ植物が生きているわけではありません。枯葉の影でひっそり生きている植物もあるのです。

府立植物園はこれまで一〇〇年かけて積み上げてきた「生きた植物の博物館」です。樹々や草花それぞれに物語があり、生きている植物だからこそ常に変化している未完の場所なのです。世界の植物園に比べればまだまだです。次の一〇〇年に向けて、植物園の人・土地・施設・費用の充実こそが必要であり、賑わいや交流の場が必要であれば他で作ればいいわけです。

コラム

二〇一七年一〇月二三日、二〇一八年九月四日の台風被害を思い起こす

京都府立植物園元副園長　西原昭二郎

2017年10月23日 台風被害

二〇一七年は午前一時から二時にかけて、二〇一八年は午後二時から三時にかけて最大の強風が襲ってきました。二〇一七年は台風直撃予報のため、夜間待機して何事もないことを祈りつつ事務を進めていました。次第に風は強まり、激しい風音の中、不安に苛まれながら夜を過ごしました。夜明けとともに園内に出て行きましたが、正門まで行き着くにも倒木で遮られました。ケヤキ並木やクスノキ並木の無事を確認して少しはホッとしたものの、すべての園路は倒木によりふさがれて惨憺たる状況でした。二時間ほどかけ歩き回りましたが、被害の全ぼうはつかめず、最初に送ったスマホによる被害報告は、「倒木多数被害甚大開園不可」のみでした。

二〇一八年は昼間に直撃したので、職員とともに二階の多目的室から目の前でクスノキが倒れる様を何もできずに見ているだけでした。昨年以上の被害と思われましたが、一番心配

だったのは南風による北山通りへの倒木でした。夕方、警察より「北山通りに倒木があり対応せよ」との連絡があり、チェーンソーを持って職員みんなでその処理を行いました。園内の倒木などの被害は想像を絶するものでした。

二〇一七年は四日間、二〇一八年は六日間の休園となりましたが、二回の台風に際して行った対応指示は、「まずは園路の通行確保と倒木掛かり木の処理・安全確保」で、まさに職員一丸となった早期復旧であったことが思い起こされます。この二四ヘクタールの緑で囲まれた植物園にはさまざまな人たちが熱い思いを持って守ってきた歴史があり、次世代に引き継がねばならない空間です。

コラム

北海道での署名宣伝と古都京都の役割

旭川市旭山動物園元園長　小菅正夫

開園一〇〇年を迎える京都府立植物園が危うい！とのニュースを耳にしました。まさか、公立植物園でもっとも古く権威ある植物園がどうして？　私は混乱してしまいました。理由を聞いてさらに驚きました。京都府が植物園周辺に賑わいを作り出すというのです。思い出したのは二〇年程前のサッカー場建設計画のことでした。あの時は多くの人びとの反対によって事なきを得ましたが、またもや同じような計画が出てきたというのです。これは大変なことです。植物園は、植物園として活用しなければ、存在する意味がありません。

多くの知人にこのことを伝えると、みな第一声は「えっ京都でしょ?」と返ってきます。「あの歴史を大切にして、変わらぬ美を誇りとしている京都がどうして」と、驚きを口にします。北海道にも京都のファンがたくさんいることを実感しました。また、計画の対象が植物園と言うとさらに驚き、「それは間違えている」と即断しました。当然です。植物園は造ろうとして簡単にできるものではありません。国内ばかりではなく海外の貴重な植物を栽培研究して、花を咲かせて種を採るなど、あらゆる方法で種を継続するのが植物園だということは誰もが知っています。植物園は、そこに積み上げられた技術に裏付けられた植物遺伝子の巨大なプールなのです。これは意志ある植物園人の努力と歴史に比例します。この未来へ繋ぐ地球財産の保存の場を、将来どうなるかわからない〝賑わい〟の犠牲にすることは、文化・科学への冒涜です。なんとしても避けなければなりません。このことは日本人ばかりでなく世界の人びとが注視しています。

マスメディアの報道も増えてくる

当初はマスメディアの報道が少なく、京都府民や京都市民、全国の人たちに京都府立植物園の危機は広く知られていなかったのですが、運動の積み重ねに伴って、報道も徐々に増えていきました。

二〇二一年五月二〇日、京都新聞に「府立植物園一帯の整備計画、住民、専門家らが反発　見直し求め署名活動」と掲載されました。

しかし、私たちが五月二一日に署名を持って京都府に要請して記者会見を開いた翌日、京都新聞は「府立植物園バックヤード縮小せず　府、再整備巡り表明」という見出しをつけた記事を掲載しました。これは、北山エリア計画が何の見直しもなされていないのに、京都府の担当者のその場しのぎの発言をそのまま見出しにしたものでした。新聞を見た多くの人から、「バックヤードは縮小されないの?」、「よかったね」という言葉をかけられ、これで運動の潮が引けて行く気配がしました。私たちは真実を報道しない態度にがっかりして、報道がもたらす誤った印象を打ち消すのに苦労しました。

その後、運動の進展に伴って、京都新聞は八月二日の一面コラム「凡語」に「安易な商業化がそのものの本質を傷つける」と掲載、一一月八日・九日に京都府が開催した説明会ではほとんどの意見が開発の見直しを求めたにもかかわらず、京都府が誠実な対応を取らないことに関して、一一月二四日「住民の懸念に向き合って」という社説を書いてくれました。この後も地元京都新聞ではこの問題を扱う記事は続きますが、全国的な新聞報道は少ないものでした。京都府立植物園をめぐる動きに関心を持っている各地の支援者には、会としてニュースなどを郵送・メール送信することで知らせました。

一方、テレビでは、二〇二二年一二月七日にＮＨＫ・Ｅテレで京都府立植物園のバックヤードが放映され、その実態と価値が改めて注目されました。ＭＢＳ毎日放送も継続して取材し、二〇二三年五月二二日夕方の報道番組「憤マン」で、京都府立植物園の隣に巨大アリーナが作られようとしていることを報じました。そのことが続けてYouTubeで拡散され、大きな反響を呼びました。

新聞読者欄への投稿

新聞報道で書かれるだけでなく、自分たちからも

京都新聞読者投稿欄「窓」に掲載されたもの

2021年7月13日	「植物園 賑わいいらない」
	「計画ありき 北山整備疑問」
10月22日	「府立植物園 静けさも宝物」
10月30日	「植物園 皆で知恵を絞って」
12月25日	「府立植物園整備の再検討を」
2022年1月30日	「府立植物園 魅力を再認識」
3月13日	「植物園 魅力失う計画は論外」
	「府民の宝物を壊さないで」
7月24日	「植物園“改変”熟議望む」
8月12日	「植物園整備 市民の声を聴け」
9月6日	「有識者懇話会は時代遅れ」
10月22日	「植物園は大切な憩いの場」
12月2日	「緑豊かな北山 開発は不要」
2023年1月10日	「北山エリア整備は不要」
1月31日	「植物園拡張で魅力アップを」
3月11日	「植物園整備見直しを喜ぶ」
5月4日	「北山再整備は景観を大切に」

発信したいと、新聞の投書欄に投稿して意見を表明しました。私たち世話人は一人でも多くの方にこの問題を知ってもらいたいと、一生懸命に投稿して三件採用されました。その他にも多くの方々が自らの率直な意見を投稿してくれました。

読者投稿欄は意外によく見られているものです。植物園を守ろうという声がいかに府民の間に広がっていたのかがよくわかります。

著名人からの応援

私たちにとって大きな励ましになったのは、著名な文化人や学者が植物園への思いや存続を願う気持ちをを発信してくれたことでした。

二〇二一年一〇月七日の京都新聞夕刊「現代のことば」欄に俳優の本上まなみさんが「植物園は宝物」というエッセイを寄せてくれました。同年一一月四日の同欄には元龍谷大学教授・植物生態学の土屋和三さんが「京都が誇る植物園の危機」と、二〇二二年四月一〇日の京都民報には芥川賞作家の藤野可織さんが「植物園はこのままで　無謀な開発は中止に」と、同年七月五日の京都新聞夕刊「現代のことば」には同志社大学教授の森千香子さんが「都市とは誰のものか」というタイトルで、みんなのものである空間が商業化されることへの警鐘と、ニューヨークではブルックリン植物園に隣接した超高層ビルの建設が阻止されたことを書いてくれました。さらに、二〇二三年一月二三日の京都民報に加藤眞京都大学大学院教授（生態学）が『野』のたたずまい守って」と書いてくれました。

その他にも、ＦＭ京都のαステーションでピアニスト山下有子さんが二〇二一年一一月一四日と二〇二二年四月三日に植物園会館にあるピアノのことをはじめとして、植物園を大切に思っていることを話してくれました。中村幸男さんや金子明雄さんなどの歴代の植物園長や副園長、小菅正夫旭山動物園元園長、京都山草会会長なども計画の見直しを求めるコメントを各所で発表しくれています。

大学生からのビデオ取材・卒論取材

運動を続けていると、いろいろな方から詳しく聞きたいという問い合わせを受けることがありました。京都産業大学のグループやＳＯＭＰＯ環境財団ＣＳＯラーニング生のグループなど、若い方たちからの申し出もありました。それぞれインタビューに応じて、京都府立植物園と北山エリアがどのような危機を迎えているか、私たちがどのように運動を進めているかを話しました。

また、京都橘大学四年生の方からは、卒論で京都の市民運動について書く中で、この運動にも触れて書くというので、お話をするとともに、植物園周辺のパレードの時にも取材に来られて、書き上げた卒論のコピーをいただきました。

（都築澄子）

コラム

ビル・ゲイツ氏からの贈り物

鯵坂　学

二〇二三年四月に、植物園の一角にある小さな子ども図書館「きのこ文庫」で、世界的な実業家であるビル・ゲイツさんが寄贈した「人生で読んだ最高の本五冊」が発見されました。日本では唯一この「きのこ文庫」に人知れずそっと置かれていたのです。「きのこ文庫」は、植物園の正門近くの「未来くん広場」(子どもの遊具がある広場)にあり、一九八五年に京都のライオンズクラブの寄付によってつくられたものです。この文庫は大きなきのこの形をした五つの書庫群で、扉を開けるとその中に三〇〇冊ほどの子ども向けの本が並べてあり、子どもたちが自由に取り出して読めるかわいい文庫です。

きのこ文庫

私も孫と幾度となく訪れ、遊具で遊んだ後に、孫が「きのこ文庫」から本を取り出してきて、「おじいちゃんこれ読んで」と言われて、よく読んだものです。今は孫が大きくなって、もうそのように言われることはなくなりましたが、懐かしい思い出です。

二〇二二年一二月にビル・ゲイツさんはお気に入りの五冊の本を選んで、世界中の一〇〇の町の小さな図書館(リトルフリー・ライブラリー)にプレゼントすると表明していました。まさか私たちの府立植物園の子ども文庫が選ばれるとは思いもしませんでした。きっとビルさんは「この植物園にある貴重な文庫、そして貴重な府立植物園をこのまま残してほしい」というメッセージを私たちに残すために、この場所を選んだのではないかと思うことしきりでした。ビル・ゲイツさんありがとう!

第三節　三〇〇名の大パレードを敢行

広範な人びとに訴える

私たちが取り組んだ活動のひとつが〝パレード〟です。二〇二二年三月一三日、賀茂川北大路橋西北河川敷から北大路通りを東に進み、洛北交差点を経て下鴨本通りから北山通りを西進、植物園北山門までの約二キロメートルを約四〇分かけて行進するコースをパレードしました。

当日は晴天に恵まれたこともあり、北大路橋のたもとは呼びかけに応じて集まった人びとで埋め尽くされました。プラカード、ポスター、翻るノボリ、人びとの腕やカバンに緑のリボン、そして、先頭には「生きた植物の博物館　京都府立植物園を壊さないで」と手描きされた横断幕です。コールを続けながら、私たちは一歩一歩、力強く前進しました。

この日のために、パレードのお知らせチラシを周辺地域や各種集会、署名集めの時などに約三〇〇〇枚配布し、呼びかけ人や賛同者三六五名に連絡、ホームページ・ブログなどで宣伝、各住民団体へ案内、報道各社へ告知など、さまざまな手をつくしました。報道機関はこの日の模様をあまり取り上げてくれませんでしたが、何より私たちの予想をはるかに超える約三〇〇名の行進は確かなアピールとなりました。

翌年二〇二三年三月一一日には、北区紫野柳公園を出発し植物園北山門までの約二時間の道のりをパレードしました。当時、すでに一五万筆を超える署名が寄せられており、京都府は、植物園を出入り自由の公園にすること、大芝生広場の中にステージを作ること、などは削除した「見直し案」を出していました（二月二〇

2023年3月11日のパレード

日、植物園有識者懇話会）。しかし、府立大学内の巨大アリーナや旧総合資料館跡地の賑わい施設などの建設計画は残されたままでした。この日の数日後には、京都府の「植物園整備に係わる説明会」が計八回、申し込み制により開かれることになっており、パレード後の集会では、この「説明会」にたくさん申し込んでもらうよう呼びかけました。

二回にわたり大きなパレードに取り組みましたが、その他にも、二〇二一年七月二日には、府への署名提出前に府庁正門前でアピール行動を行いました。段ボール紙の手作りアピール板を掲げて数人で連れ立ち、約五〇名が参加しました。また同年一一月一九日、翌二〇二二年七月二〇日には、府庁を一周するパレードを行いました。府庁への署名提出時には必ず府議会各会派の部屋を訪問し、記者会見も行い、私たちの要請事項を発表しました。

（静永鮮子）

コラム

初めてのパレード主催――春の日の思い出

梶山耕一

植物園を守る運動は、全国からの関心と協賛が高まっていました。「もっと地域の関心と協力を広げよう」という議論となり、「植物園を壊さないで、巨大アリーナはいらない」と主張するパレードを計画しました。運動を開始してから二年目に入っていましたが、これが運動の転機になる取り組みとなりました。

二〇二二年三月一三日、当日は天気も良く、少し汗ばむ陽気の中でのパレードとなりました。パレード申請の所管下鴨警察署に申請の手続きに行くと、「こんなコースで何のパレードですか」と驚いた様子でした。この「北山エリア」は、閑静な住宅と府立大学、府立総合資料館（後に京都学・歴彩館）、コンサートホールなどの文教施設が集中するエリアで、警察の「デモ行進」申請への驚きも理解できます。

当日は、京都市内各地はもとより、長岡京市などの近隣自治体からの参加があり、運動の広がりに確信を持つものとなりましたが、さらに大きな喜びは励ましてくれる沿道の住民の方々の顔ぶれの多彩さでした。府立大学のすぐ南の町内の方、洛北高校の近くの食堂のご婦人など、日頃通りやスーパーで見かける方の参加や激励に大きく励まされ、その後の活動の力になりました。たまたま通りかかった方々には事前に用意した花を一本ずつ渡したのですが、みんなにこやかに受け取って、「応援します」と声をかけてもらい、励まされました。

第四節　取り組みの発展

植物園長、府立大学長への働きかけ

京都府から近隣の一部に整備計画の回覧板が回されただけで、多くの住民に対しては説明すらなく、このことは極めて問題だと考えました。すでに二〇二一年七月二日に京都府庁で署名提出を行い、植物園とも協議をしたいと要請しました。すると、「園に申し入れてください」と返答されました。そこで戸部博植物園長に八月一三日に懇談の要請をしました。取り次いだ副園長はただ「園長に伝えます」というだけの対応でした。署名は電子署名も含めて七万八〇〇〇余筆が集まっていることも伝えましたが、一九日に副園長から電話で懇談お断りの連絡があり、私たちは大変驚きました。懇談は了解していただけるものと考えていたからです。そこで、改めて「植物園の整備計画についての貴職による現段階の説明など、私たちとの懇談を早期に実施していただくこと」を強く要望しました。

さらに、二〇二二年五月一三日にも植物園整備計画の説明と懇談を求める要請をし、三度にわたる要請の結果、ついに七月一日に植物園長と世話人とで懇談をすることができました。植物園のすぐ隣に巨大なアリーナができると、日照・風向きなどへの影響や自由に出入りできるようになるなどの恐れが大きいという私たちの懸念に対して、園長は「アリーナができても植物園に影響を及ぼ

さないように配慮したい」と述べました。さらに、植物園一帯がレジャーランドのようにされることのないように、比叡山が見渡せる景観が守られるようにと強く要請しました。

塚本康浩府立大学長へ懇談を申し入れたのは二〇二一年八月三一日のことでした。老朽化した体育館を一万人アリーナに建て替えるというプランについて、「どのような見解をお持ちで、どのような対応をされる予定なのか、ぜひお伺いしたく、私たち住民との懇談の席を設けていただくことをお願い申し上げます」との申入れに対して、「発表されているもの以外に説明することはない」との一点張りで、進展は見られませんでした。そこで、二〇二二年五月二四日に再度申し入れを行いました。その内容は、「本年三月一〇日に府民に公表されたＫＰＭＧ北山エリア整備事業手法等検討業務報告書を見ますと、貴学のキャンパスの中央に巨大なアリーナが建設されることが明示されています。貴学の教育・研究・地域貢献のための静かで落ち着いた環境に大きな影響が出るのではないでしょうか」というものでした。さらに、七月二九日には三度目の懇談の申し入れを行ない、八月五日までに回答されることを求めました。

そして、ついに九月二九日に学長との懇談が実現しました。塚本学長からは、大学の体育館としての使用を第一に要望している、一万人規模が必要とは理解できないという見解を聞くことができました。

（佐々木佳継）

京都市・京都市議会へも働きかけ

府立植物園や府立大学を焦点とする北山エリア開発は、もともと京都府が計画したもので、私たちは署名提出や担当者との懇談などの活動のベクトルを京都府や京都府議会（府議会議員）に向けて取り組んできました。

ただ、この京都府の計画が実行された場合には、開発地域は京都市左京区内になるので、京都府や施工担当の企業は京都市都市計画局や京都市左京区役所に建築確認などの申請をしなければなりません。京都市はこの建設計画の許認可権を持っているのです。しかも、京都市は二〇二一年四月に都市計画マスタープランの中に京都府の「北山エリア整備基本計画」の「開発イメージ図」とほとんど同じ図を記載しています。したがって、「整備基本計画」が府議会などで承認されたら、京都市も建設計画などを十分な審議なしに承認するかもしれないと思われました。

そこで、私たちは京都市や京都市議会などにも働きかけをしなければならないと考えました。すでに二〇二一年秋から「北区の会」が京都市長に対する「植物園の環境・景観を守ってほしい」という署名を始めており、私たちもこの署名に協力しました。最終的には京都市に対して約七、二〇〇筆の署名が集まりました。

そして、二〇二二年春には、「北山エリアの会」、「なからぎの森の会」、「北区の会」の三団体が共同して京都市議会に、「植物園・府立大学を守ってほしい、ついては京都市のマスタープランの計画地区から『一七　北山文化・交流拠点』を削除してほしい」との陳情書を提出し、市議会の各会派を訪問して懇談をしました。自由民主党、日本共産党、民主クラブの議員と懇談ができて、「巨大なアリーナができれば、府立大学が大変なことになる」ことなどに理解を示してくださる市議もありました。また同じ趣旨の要望書を京都市長あてに提出し、京都市の都市計画局との懇談も行いました。

こうして、私たちは二〇二三年、二〇二四年にも京都市と京都市議会に働きかけを行ってきました。京都市は、「この計画は京都府のものだから、京都府の動きを待って判断したい」という返答に終始しました。

（鯵坂　学）

北山街協同組合との交流

京都府は、府市の施設（植物園・府立大学・京都学歴彩館・コンサートホール）や北山街協同組合、北大路商店街振興組合などと定期的に意見交換を開催してきました。今回の「北山エリア整備基本計画」が発表されてからも、北山街協同組合との懇談がされていると思い、「なからぎの森の会」からも北山街協同組合との「周辺住民に歓迎される北山エリアの将来について」の懇談をお願いし、快く応じてもらいました。二〇二三年一月七日に理事長と懇談し、二〇二四年六月二〇日に理事さんたちが喫茶店で開いている朝会に参加させてもらいました。

理事長は「開発事業に大きな企業がやってきてもこちらは何も期待できない。大きいところはすぐに撤退していくことも多い。私たちはすでに『京都府立陶板名画の庭』の管理運営を任されているので、旧資料館跡地の運営にも関心はある」と言われました。アリーナ内の飲食店などや植物園内のレストラン進出を北山商店街が望んでいるわけではないこと、旧資料館跡地の利用については地元商店街の意見の反映が必要であることを知りました。

（磯見吉勝）

コラボ宣伝で市内各地へ

近年、京都では規制緩和や特例措置でホテルやマンションが次々と建てられ、京都が京都でなくなるまち壊しが進んできています。そこで、それぞれの運動に取り組んでいる団体が繋がり合い協力し合って広く訴えていこうと、二〇一九年から「これでいいのか京都ネット」という共同組織が作られています。府立植物園と北山エリアを守ろうとする私たちも京都ネットと協力して、市内各地でコラボ宣伝に参加してきました。

私たちの他に参加している主な団体は、仁和寺前と相国寺北側のホテル建設問題、聖護院・黒谷と松ヶ崎カンポ跡地のマンション問題、洛西のまちづくり、山科区の高さ規制緩和問題、北陸新幹線延伸問題などに取り組む団体です。

さまざまな場所に出かけて行ってスピーチとチラシ配布、ノボリや横断幕を掲示して宣伝しました。毎回各団体から大勢の参加者があり、まとまってアピールすることができました。移動の途中で車のマイクから音声を流しながら宣伝したこともありました。この他に、「これでいいのか京都ネット」で何回かの学習・交流会も開きました。

植物園周辺での宣伝が多かった「なからぎの森の会」でしたが、このコラボ宣伝では植物園から離れた繁華街や人通りの多い場所に出かけて行って訴え、植物園と北山エリアに問題が起こっていることを広く市民や観光客に知らせることができました。

（都築澄子）

北山なからぎの森カフェと七夕バザー

北山なからぎの森カフェ（森カフェ）は、近所の集会場でお茶とお菓子を提供し、「なからぎの森の会」の活動を知らせるとともに、みなさんからの意見を聞く場にするために、ざっ

2023年2月7日
京都市役所前で他団体とコラボ宣伝

くばらんにおしゃべりする会として開催しました。二〇二二年一一月に初めて開催した時は、どのくらいの人が集まるか不安でしたが、二〇名の方が集まってくれました。当時は場所もちょうどよい広さで、茶菓子なども出せる余裕もあったのですが、回を重ねるごとに参加人数も多くなり、最後の森カフェは、京都市左京区役所の二階で行い、六〇名近くの参加をえました。当時のNHKの大河ドラマ「光る君」になぞらえて、植物園にある「源氏物語」に出てくる花を紹介したり、「源氏物語」の一部を朗読して楽しみました。森カフェは縁の下の力持ちの役割を果たせたと思っています。

また、私たちの活動を広く知ってもらうとともに、活動の資金集めのため、バザーを二〇二三年七月一日に行いました。「植物園・北山エリアを思う七夕バザー&なからぎカフェ」と題し、多くの方々の提供品を受けて開催にこぎつけました。バザーと後半の「森カフェ」合わせて八〇名近くの方が参加しました。この催しでわかったことは、多くの方々に私たちの運動を支えてもらっているということでした。以後の運動にも力になったと確信しています。

（内苑聖司）

京大生とコラボ集会開催

京都市は人口の一割が大学生で、京都の人は大学生を「学生さん」と呼んで大事にします。植物園は学生時代の大事な一コマになっていると思います。運動の当事者である京都府立大生との活動は、すでに行っていました。

そこに加えて、京大吉田寮の学生さんが植物園北山門前の署名に協力してくれるようになり、その縁で「なからぎの森の会」と吉田寮有志の共催で、二〇二三年三月二一日に「北山エリアの再開発ってどうなってるの？　集会」を開くことになりました。打ち合わせで京大生と話し合いを持ちましたが、大学当局と渡り合っているらしく、「気骨」があり、びっくりしました。会場は京大吉田寮の大食堂で、吉田寮の学生さんや吉田地域の住民の方など三〇名程度が参加しました。「北山エリア整備計画の問題点と市民運動の経過」と題して説明をした後に、質問や討論となりました。

（吉澤喜代一）

第五節　京都府議会での追及

最大の教訓は広がる運動と常に連携しあったことでした。私たち京都府会議員は日本共産党府会議員団あげて代表質問や予算・決算特別委員会知事総括質疑など、あらゆる場面で論戦し続けました。「北山エリア整備基本計画」が公表された二〇二〇年一二月時点で、京都府議会は定数六〇人のうち自民党が三〇人で、他の与党を自認する会派も含むと四六人（他は日本共産党一二人、日本維新の会二人）であり、実質的な「オール与党」体制でした。このため、府議会では知事提案になんでも賛成が続いていました。こうした中、「北山エリア整備基本計画」の「白紙撤回」を一貫して求め続けてきたのは、会派では日本共産党だけでした。

論戦を行う際の重点は主に以下三点でした。

①情報の収集と共有、事実を知らせることを重視して

この地域はもともと山田前知事時代から「北山文化環境ゾーン」として、「全体の整備により、ゾーンのエリア内の施設間の垣根をできるだけ取り払い、ソフト面でも、この垣根を取り払うために、植物園やコンサートホールと協働してテーマ性を持ったイベントの同時開催など進める」と答弁するなど、「賑わい」をもたらそうとしてきたため、議会論戦を重ねていました。国土交通省出身の西脇知事となってからは、より本格的に開発が進められる可能性が現実味を帯びたため、府議団として二〇二〇年夏ごろから適宜情報を収集していました。

その後、府職労連府立大学支部・植物園分会の皆さんと地域の方々で対策会議が立ち上げられましたので、対策会議の皆さんと連絡をとり、まずは京都府民に事実を知らせて「パブリックコメント」で意見を上げるよう呼びかけました。「計画」が発表された直後の二〇二〇年一二月には、「北山エリア」が位置する左京区の「まちづくり連絡会」主催で、「北山エリア整備構想を考える懇談会」が開催されました。これを契機に、大規模開発計画の内容を周辺の地域住民や府民に広く知らせる活動が府職労連や地域の皆さんにより行われ、運動が急速に広がっていきました。

②「府民共有の財産」か、東京発・企業利益の「賑わい」創出の「ツール」か

府立植物園の価値と「計画」の狙いの本質を明らかにする論戦を行ったことが重要でした。すでに計画が公表された二〇二〇年一一月議会の代表質問で、私たちは府立植物園について、「植物公園でも庭園でもなく、『生きた植物の博物館』として府直営の下、職員の皆さんが大変な努力で技術・知識を継承してきた」と指摘し、「博物館法にも位置づけられた本府が誇る植物園にアミューズメント機能の向上やイベント活用スペース、野外ステージなど、まったくなじまないのではないか」と追及しました。その後も、こうした本質をついた論戦によって、「府立植物園を守れ」という声と運動の広がりに加え、府民共有の財産を変質させて地域のあり方をゆがめる計画であることが共通認識になったことが、運動を力強く前進させる力になったと感じています。

また、府立大学内に一万人規模のアリーナを建設する計画も、府民のためのものではなく東京発で企業利益のための計画であるとする本質を広く知らせる論戦に徹しました。

③「学生用体育館」というゴマカシと曖昧さを許さない

京都府は都合の悪い事実を知らせずにごまかす対応をしてきていただけに、そこを掘り崩すことにも注力しました。二〇二二年一二月の文教常任委員会で理事者は「（アリーナを）仮にBリーグで活用する場合には、学生が使う日程を先に可能な範囲で把握」すると答弁しました。これに対して、二〇二三年二月の代表質問で、「新B1リーグの参入基準は、二年前にプロバスケ側が一〇九

日をまず確保し、試合日程を組んでしまうもの」と論破しました。

また、京都府バスケットボール協会の会長代行が新聞インタビューで「サブアリーナと併せてバスケットコート四〜五面ぐらいの規模の施設ができれば、大学の体育の授業や部活動はサブアリーナを使うことで切り分けて考えられないか」と述べており、「府が計画する一万人アリーナは商業利用が中心で、学生はサブアリーナ利用」であることを厳しく追及し、京都府側は答弁不能となりました。

全国的にも広がった運動の大きなうねりとともに、計画は頓挫することになりました。

（光永敦彦）

第六節　各選挙立候補者への公開質問状

北山エリア整備基本計画は京都府が策定したものですから、知事や担当部局や府議会に要請を重ねるのは当然でしたが、京都市も「都市計画マスタープラン地域まちづくり構想」の中に「北山文化・交流拠点地区」という府のコピペのような計画を描いているので、京都市にもこの見直しの要請をしてきました。そして、私たちの三年間の運動の間に首長選挙と議会議員選挙が三回あったので、「やれることはなんでもやる」私たちはこれらの立候補者に公開質問状を出して、その回答を公表することになりました。有権者の方々がこれらの回答を見て投票してもらえればいいな、という思いからでした。

その第一回目は二〇二二年四月一〇日投票の京都府知事選挙で、「北山エリアの将来を考える会」から西脇隆俊氏と梶川憲氏の両候補に公開質問状を出しました。そして、梶川候補はすでに京都総評議長として私たちの運動に賛同しており、この計画に反対する回答でした。しかし、西脇候補からは回答がありませんでした。また、選挙期間中に京都新聞社は「北山エリアにさらなる賑わいが必要と思いますか？」という質問を両候補に出しましたが、梶川候補は「まったくそうは思わない」、西脇候補は「どちらともいえない」と答えています。しかし、再選された西脇氏はマスメディアに対する回答とは裏腹に、「植物園に最初に着手したい」と発言したのです！

第二回目は二〇二三年四月九日投票の統一地方選挙で、「なからぎの森の会」と「北区の会」の連名で、北山エリアに近い北区と左京区の府会・市会の両立候補予定者に対して、次のような公開質問状を出しました。

①京都府が二〇二〇年一二月に公表した「北山エリア整備基本計画」について
②京都市が二〇二一年四月に公表した「都市計画マスタープラン地域まちづくり構想⑰北山文化・交流拠点地区」について
それぞれ【賛成・反対・その他】から選び、その理由を二〇〇字以内でお書き下さい

立候補予定者数は北区の府会四名・市会七名、左京区の府会三名・市会一三名の合計二七名で、「やれることはなんでもやる」私たちはその各候補者の事務所や自宅の住所を調べ、配達証明付で郵送し、なんとか全立候補予定者に公開質問状を届けることができました。

以上の二七名の立候補者の回答状況をまとめると、有回答一二名・無回答一五名でした。国政では与野党の関係である自公立国などの諸政党が、京都府議会・市議会では相乗りして与党になっており、特に自民・公明の両立候補者は一致して無回答を決め込んだようです。その一方で、両議会で野党勢力である共産は一致して①②ともに反対の回答を寄せました。

第三回目は二〇二四年二月四日投票の京都市長選挙で、立候補者四名に対して、上記の統一地方選挙とほぼ同じ内容の公開質問状を出しました。そして、今度は立候補者四名全員から回答が寄せられました！　きっと私たちの認知度が上がったからでしょう。その回答状況は（理由は省略、五〇音順）、二之湯真士氏①②賛成、福山和人氏①②反対、松井孝治氏①②賛成、村山祥栄氏①②その他、というものでした。当選したのは賛成の立場を表明していた松井孝治氏でした。

私たちは二回目、三回目の公開質問状への回答を一覧できるようなチラシにして二万八〇〇〇枚を印刷し、左京区と北区の植物園周辺の地域約二万五〇〇〇戸に配布しました。

（高原正興）

第八章　京都府立植物園・府立大学は守られた――京都府の方向転換

第一節　植物園開発計画の見直し

胸突き八丁

二〇二二年は京都府の対応も頑なで、私たちにとってはチョッと苦しい年でした。それでも、工夫を凝らして色々な活動を行いました。お正月三日の世界遺産下鴨神社の参道での署名活動を皮切りにして、毎週土曜日に植物園の北山門前で署名活動を継続しました。また、京都の文化と環境を守ろうという他の住民団体と共同で「コラボ宣伝」をしたりしましたが、夏ごろに署名数は一三万筆を超えたものの、前年ほどは集まらなくなりました。そこで、私たちは京都市民や地域の方にアピールするために、三月には前述のパレードを行いました。この日は穏やかな早春の日で、パレードの参加が初めてという親子連れもあって、とても気持ちの良い行動となりました。主催者として最後に挨拶した私は涙が出そうになりました。

四月に西脇氏が知事に再選されると、西脇氏の「北山開発を前に進める」との意を受けて、京都府は「フェイクニュース」まじりのチラシを左京区と北区の植物園周辺の学区に配布したり、これらの学区の連合町内会・自治会や各種団体のリーダーと懇談したり、秋には「ワークショップ」を開催したりしました。また、有識者懇話会や意見聴取会議など三つの会議も、年に二～三回程度のペースで開かれていました。一方で、植物園の職員による「プロジェクトチーム」が組織され、年間一〇回程度開催されて、創立一〇〇年を迎える植物園の未来像の検討が重ねられていました。

私たちはこれまでに書いたように、思いつくことは何でもやるという姿勢で、世話人を中心にボランティアさんの助力を得て、植物園を守る活動を行ってきました。さらに、秋も深まる中で、このままでは京都府に押し切られてしまうのではとの思いから、京都新聞への意見広告の掲載、ＦＭ京都への出演などを行いました。こうして、「植物園を壊さないでほしい」、「府立大学の中には巨大なアリーナはいらない」と

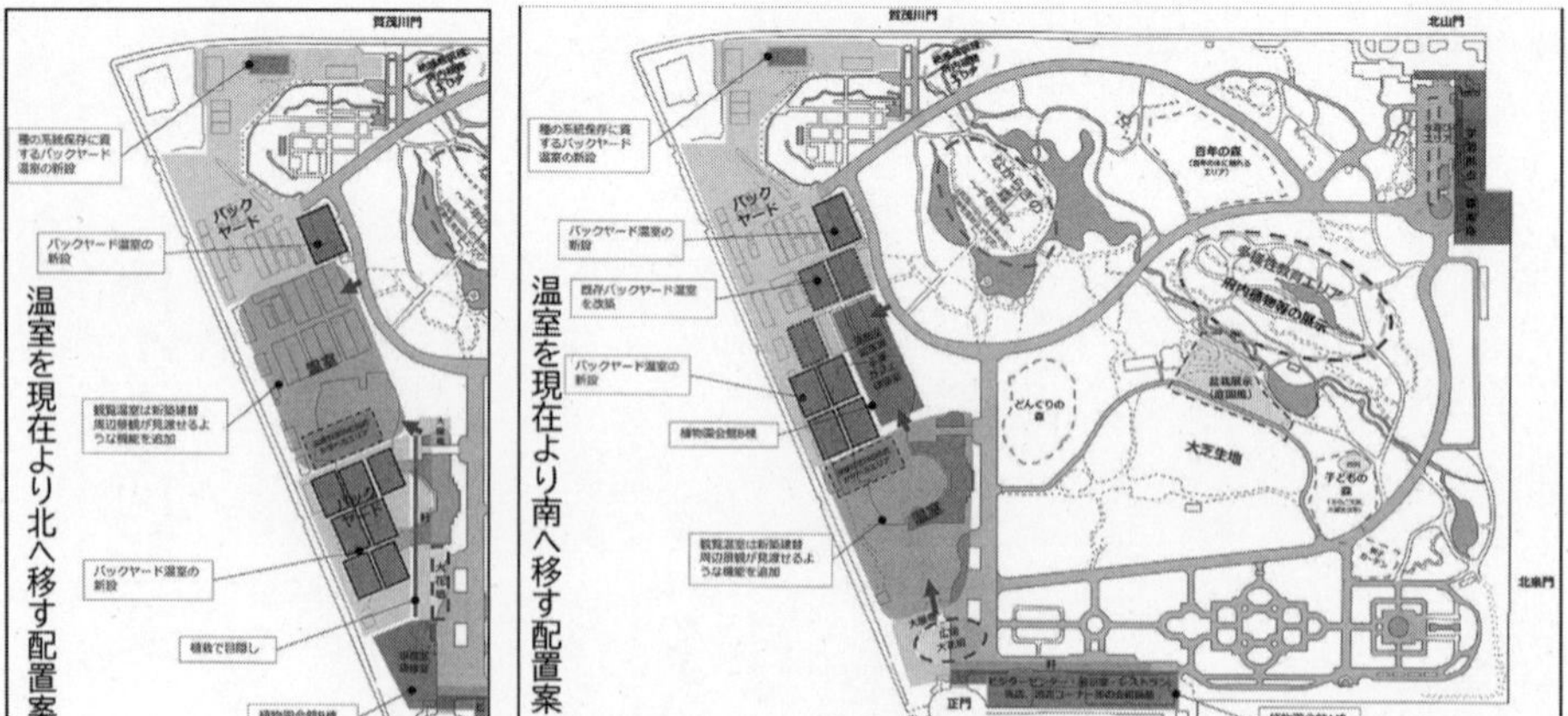

図表１　植物園開発の見直し案

いう声は京都府民の中に静かに広がっていったと思います。この時点で署名数は一五万筆を超えていました。

植物園開発の見直し案の提示（前進と懸念）

京都府は二〇二三年二月二〇日に第四回の植物園有識者懇話会を開き、府立植物園に関する「見直し案」を提示しました（図表参照）。この「案」では、当初の「北山エリア整備基本計画」にあった、①北山通りや半木の道に沿った垣根や樹木をなくして商業施設を作り、人々の園内への出入口をいくつも作り公園化する、②大芝生広場にイベント用のステージを作る、③バラ園や沈床花壇に「イベント活用広場」を作るなどの案は消されていました。また、④バックヤードの面積も維持されるような案でした。この「見直し案」は今も京都府のHPで見られますが、当初の整備計画のイメージ図よりは前進が見られて一定の評価ができるものでした。

これらの前進は、植物園を愛する皆さんのご協力によって一五万筆を超える署名が集まり、植物園を守ろうという世論が高まったこと、有識者懇談会の方々のご意見や植物園職員の一〇〇周年を迎える植物園のあり方についてのプロジェクト会議での検討の努力などが反映されたものでした。

しかし、この「見直し案」にはいくつかの懸念がありました。①あらたな植物園会館の建物が東西に大きく拡大しており、南隣の府立大学内に建てられる計画のアリーナの観客を呼び込む意図が読み取れました。②正門から温室にかけては大屋根が作られて、せっかくの北山を望む景観が台無しになる可能性もあります。③北山門東側に作られる予定の標本庫や、西側に建て替えられる温室など園外に接している建物は「すべて出入り口を作るつもりだ」と府側は説明しています。現在四つある門をさらに増やして回遊性を高めたいようです。④園内や隣地にある旧総合資料館跡地の利用のあり方や樹木の伐採も心配でした。

そして、京都府は三月一八日・二〇日〜二二日の各日二回（各七五名ずつ）計六〇〇名を上限にして「植物園に係る説明会」を開催して、先の「見直し案」を公表しました。多くの参加者があり、この案を評価しつつも、疑問点や意見の表明がなされました。「現状の植物園を大きく変えないでほしい」、「緑を守ってほしい」との声が出され、特に南隣りにある府立大学に計画されているアリーナ建設について、大きな疑問の発言がありました。なお、京都府の「見直し案」は植物園に限ったもので、「北山エリア整備基本計画」の全体の内容を見直したものではありません。

第二節　府立大学内の巨大アリーナ建設計画の頓挫

植物園開発の「見直し案」が公表されたことで、植物園開発については一段落したので、私たちの活動の次の焦点は、府立大学構内に計画されていた一万人アリーナ建設を見直させることでした。私たちは「府立大学関係者の会」を中心に署名とチラシを作成し、二〇二三年春以降は「大学構内には巨大アリーナはいらない、必要なら別の場所に建てて」と宣伝を強めました。

計画されているアリーナ（共同体育館）は、京都府の公表した計画によると幅一〇〇メートル、高さ二〇メートル（場合によってはそれ以上）もあり、アリーナが建てば、イベントの開催時にはキャンパス内は人であふれ、府立大学の研究・教育環境は大きく阻害され、北側に広がる植物園も大きなダメージを受けると思われました。植物園の樹木草花の日当たりや風通しが悪くなり、東に比叡山を望む植物園からの景観も大きく変わってしまうと思われました（グラビア①参照）。

そもそも京都市の都市計画上の土地利用では、アリーナやホテルの建設は許されていないものです。また、このアリーナに出入りするスタッフの車両や観客の動線がどうなるのかも心配でした。そこで、京都市内の設計事務所の方が「アリーナの想定図」を作成してくれたので、一万人アリーナが建てばどんなに植物園と府立大学がダメージを受けるかをわかりやすく解説したパンフ（A四カラー四ページ）を作成しました。これを三〇〇〇枚作製して、市民・住民、マスメディアに配布して、アリーナ建設に反対する意思を明確に示しました。

そして、二〇二三年四月の第三回「共同体育館整備に係る意見聴取会議」で、座長が巨大なアリーナではなく、共同体育館（二〇〇〇人規模）の建設を提案したのです！　京都府が選んだ聴取会議が学生とのワークショップを踏まえて、一万人アリーナではなく、学生本位の体育館の案を提案したのは画期的なことでした。私は「涙」が出ました。しかし、京都府は、「この案は座長の案であり、京都府が今後どうするかは検討する」という姿勢でした。ところが、事態は私たちの予想を超えて大きく動くのです。

まず、五月にMBS毎日放送が夕方の「憤マン」という番組コーナーで植物園の開発計画を放映（八分）してくれました。その中で私も孫と一緒に出演して大きく報道されました。YouTubeで全国に流れて、教員時代の教え子からも「先生の活動を見ましたよ」とのメールもありました。そして、六月には京都府向日市の市長が市内にある競輪場敷地へのアリーナの誘致を表明しました。いやはや驚きました！　ついで、七月には京都府の西脇知事が向日市競輪場敷地にアリーナを建設することも検討したいと明言したのです。ど

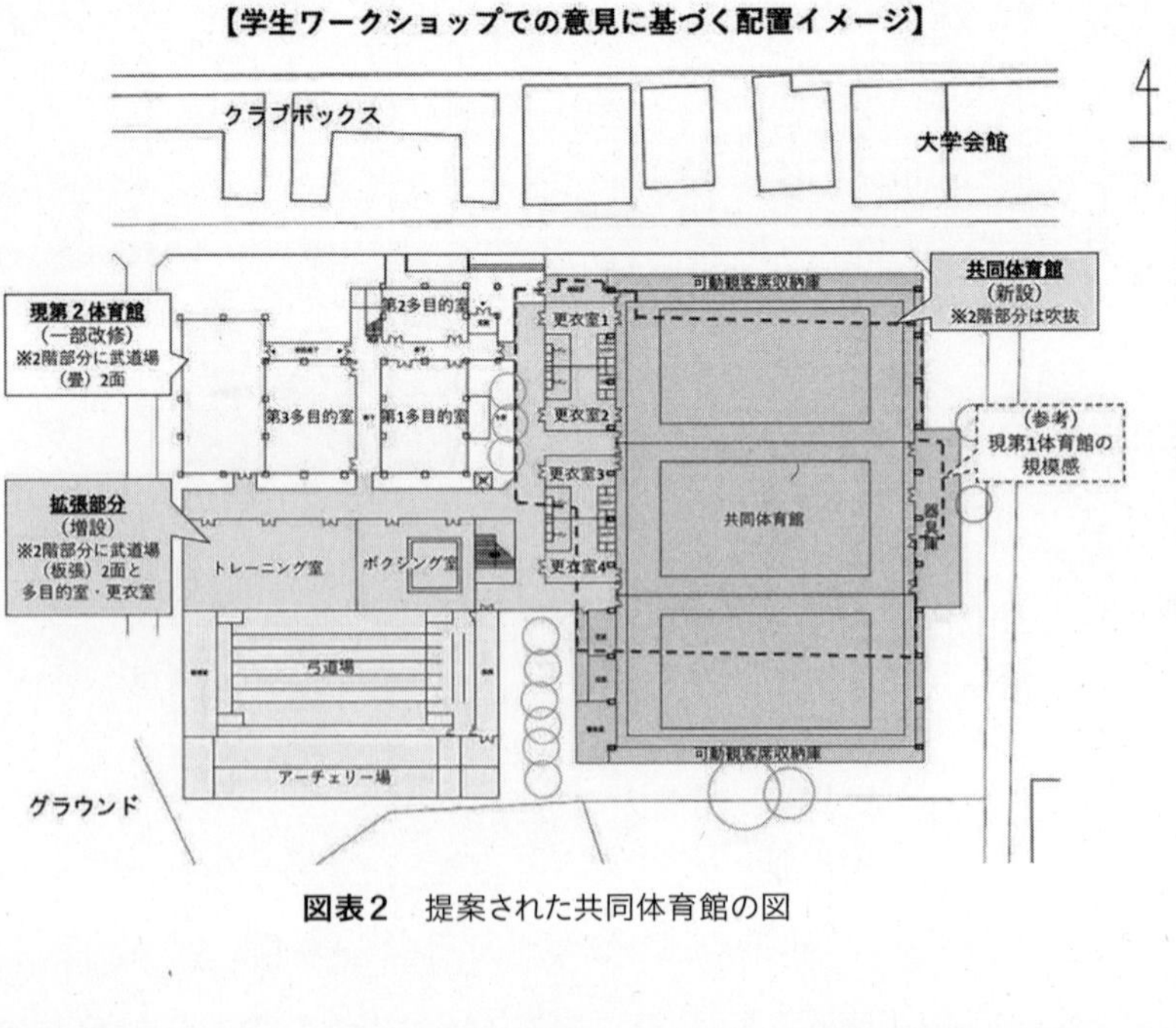

図表2　提案された共同体育館の図

うなっているんだろうか？　狐につままれた思いでした。

さらに、八月に「京都府スポーツ施設のあり方懇話会」の委員が北山エリアの府立大学と向日市の競輪場を視察し、九月には同懇話会の第二回目が開催され、向日市競輪場案が有力になったとの新聞報道がありました。一〇月には京都府屋内スポーツ六団体が向日市に一万人アリーナを建設することを府に要望しました。私たちはこの動きの速さについていけませんでした。

私たちは一一月に「府立大学内の巨大なアリーナ建設はやめて、老朽化した府立大学の体育館は、四月の座長案のような大学の規模にふさわしい学生のための体育館を建て直してほしい。また、アリーナが必要ならば別の場所に建設するように」との声明を出して京都府に提出しました。

そして、この冬の間は落ち着かない時間が経過しましたが、二〇二四年三月一四日に京都府知事が「アリーナは向日市に、北山の府立大構内には学生のための共同体育館を建設する」と明言しました。向日市でのアリーナ建設は向日市民にとっては大きな検討課題ではありますが、これは府行政がいったん決めたことを大きく変更するという画期的なことでした。府立大学を守る運動をしてきた関係者も大いに喜びました。このことによって「北山エリア整備基本計画」に抗する市民活動は大きなヤマを越えたのです。京都府立植物園・府立大学は何とか守られたのです！　これまで陰に陽に私たちの活動を支援してくださった京都・全国・世界の皆さんに感謝しました。「本当にありがとうございました。これからも運動は続きますので、よろしくお願いします」と。

なお、旧総合資料館跡地等の利用については会議が二回開催されましたが、意見交換に終始していました。そして、二〇二三年一二月に京都府は総合資料館跡等の利用については二〇三二(令和一四)年以降とし、当面は暫定利用すると表明しました。つまり建設を九年後に先送りしたわけです。

このように、「北山エリア整備基本計画」の焦点であった、府立植物園、府立大学内のアリーナ建設、旧総合資料館跡地等の活用について、見送るか延期する方向が出されたのでした。これは大きな前進でした。

(鰺坂　学)

第九章　残された課題　――活動は続く

第一節　京都府行政のスタンス

近年全国的に見ても、都道府県が提案した開発計画を見直させた事例はめずらしいので、その経緯を詳しく見てみましょう。

私たちは二〇二一年五月から二〇二四年九月まで十数回にわたって、この「北山エリア整備基本計画」をめぐって京都府の担当者（京都府スポーツ振興課・同文化施設政策監付）と面談してきました。交渉・面談の際には、私たちは知事に対する要望書と大量の署名を持参し手渡してきました。ほとんどの場合、京都府の担当者は「整備基本計画は我々のイメージであって、府民の皆さまのご意見を得てより良いものにしていきたい」と回答することが多く、担当者の立場がそう言わせているのでしょうが、私たちが納得できる回答はありませんでした。

そして、対応した京都府の職員は自分の頭で考えて自分の足で地域を歩いて住民の話を聞き、熟考して府民が納得する開発案を作るということをしているようには思えませんでした。なぜならば、京都府の開発計画案はほとんどが東京や大阪などのコンサルタント会社が作ったものだからです。コンサルに作ってもらった報告書を府民に公表し、府議会に説明し、多数派である与党議員の支持を得て議会を通過させて業者に発注する、という道筋なのです（二〇二四　野中大樹他）。

この北山エリア開発についてだけでも、二〇一九年から二〇二四年一月までで、コンサルに発注した四つの報告書をそのまま京都府の案として公開しています。さらに、今後の地域課題である、①二〇三二年以降に建設される旧総合資料館跡地等の活用に係る整備検討支援業務を二〇二三年六月に、②屋内スポーツ施設整備検討支援業務を二〇二三年一二月に、③向日市に二〇二八年完成予定の京都アリーナ（仮称）の整備・運営等事業も二〇二四年五月に、それぞれコンサルに応募をかけています。住民の意見を十分に聞かないまま、またまたコンサルに丸投げです。しかも、府民への公表は数カ月後であることがほとんどでした。

コンサルの無責任さを検証しておきましょう。国際的なコンサルタント会社の日本支社であるＫＰＭＧが、二〇二二年一月に府に提出した「北山エリア整備事業手法等検討業務報告書」では、府立大学構内に建てられる予定の一万人アリーナの建設費用は約一七五億円となっていました。さらに、サブアリーナは別の場所を検討して建てると記載されていました。これでは府立大学は潰されてしまうのではないかと思いました。今回このＫＰＭＧの開発計画は断念されたのですが、その根拠となったのが、東京に本社があるコンサルタント（株）山下ＰＭＣが二〇二四年三月に京都府に提示した「屋内スポーツ施設整備検討支援業務報告書」です。ここでは、アリーナ（八〇〇〇人収容を想定）を北山の府立大学構内に建設すれば、都市計画上の高さ制限があるので地下化せざるを得ず、建設費用に約三九二億円が必要となり、一方で向日市の競輪場余剰地に建てれば約三四四億円で済むので、向日市に建ててはどうかと提案しています。これを受けて、京都府知事は同年三月に国際大会が可能な屋内スポーツ施設（アリーナ）を向日市に建設すると表明したのです。今回の業務報告書の策定は、最初の計画案から二年を経てはいますが、同じ場所に同じ規模のアリーナを建設するのに二倍以上の金額が見積もられていることに私は唖然としました。どちらの報告書が正確なのでしょうか？　そもそも計画自体がずさんで、さらに、地域の実情を十分に把握せずに構想されているとしか思えません。これでは府民の支持は得られないでしょう。

また、アリーナを向日市の競輪場余剰地に建てる計画でも、一万人の観客が毎週のようにやって来れば、片側一車線しかない近隣の交通は渋滞で大変なことになると推測されますが、計画にはこの交通渋滞にどう対応するかはまったく書かれていません。向日市では反対運動が取り組まれています。私たちは北山エリアは何とか守りましたが、向日市の方々は大変だと思います。私たちは向日市の運動とも協力したいと考えています。

（鯵坂　学）

第二節　府立大学の学舎は耐震基準を満たしていない

放置される築五〇〜六〇年超の老朽学舎

府立大学構内の巨大商業アリーナ構想は頓挫しましたが、それでは、京都府が当初に策定していた「老朽化した体育館を建て替えて共同体育館を建設する」という話はどこに行ったのでしょうか？　ここでは、問題の老朽体育館を含む府立大学の学舎全体の悲惨な現状を紹介することにします。

府立大学の旧キャンパスの北側には稲盛記念会館（二〇一四年竣工）や京都学・歴彩館（府大図書館含む、二〇一六年竣工）などの新しい建物が建っていますが、旧キャンパスには今でも一〇棟の建物があり、毎日教育研究に利用されています。そのうち、一号館（二〇〇一）、六号館（元婦人センター一九六六 耐震化済）、第二体育館、大学会館を除く六つの建物の構造耐震指標（ＩＳ値 耐震診断により建物の耐震性能を示す指標）は下のとおりです。

ＩＳ値〇・六以下の建物は、震度六強の大きな地震に対して倒壊または

府立大学学舎のIS値

本館・合同講義室棟（1979）	0・38
二号館（1962）	0・40
三号館（1962）	0・36
五号館（1972）	0・56
七号館（1973）	0・49
体育館（1970）	0・07

（カッコ内数字は竣工年）

崩壊する可能性があると言われていて、文部科学省が公立学校に求めるIS値はおおむね〇・七超です。しかし、これら六つの建物のIS値はすべてこの基準を満たしておらず、一九八一年の新耐震基準以前に建てられたもので、その後に耐震工事も行われていません。ちなみに、全国の国立大学の平均耐震化率は九〇％超であるのに対して、府立大学は約五二％にとどまり、致命的な耐震化の遅れを露呈しています。つまり、府立大学の学生や教職員は命の危険を感じながら教育研究を続けているわけです。

いつになったら建てるのか？

既述のように、「共同体育館に係る意見聴取会議」はアリーナ二〇〇〇席に縮小という座長案を了解して、これを最終的に京都府に要望して解散しました。そして、二〇二四年三月の知事発言は「府立大学の体育館は学生利用を前提に防災機能を備えた形で整備する」ということでした（大学の体育館が学生利用前提とは今さらではありますが）。また、それ以前から京都府は「府立大学の学部学科の再編（二〇二四年度）に合わせて学舎などを整備する。再編と整備を一体的に進めたい」と言明してきました。府立大学の学舎整備計画では新体育館は二〇二四年に供用開始の予定でしたし、学部学科の再編は二〇二四年春にすでにスタートしています！　また、現体育館は〇・〇七というとんでもないIS値なので授業に使うことはできず、体育会系のクラブだけがかろうじて使っています。そして、授業用の仮設体育館（二〇二一）に年間リース料四〇〇〇万円を支払っている有り様です。

このような惨状にもかかわらず、私たちの度々の要請に対して府の担当者は「建て替えの時期は検討中」と繰り返すばかりです。全国の大学の中でも最低レベルの老朽学舎などの改築を放置し続けていることは、京都府の「不作為行為」（当然するべき行為をしないこと）です！　地震で学内に死者や負傷者が出たら、府はなんと言い訳をするのでしょうか？

（高原正興）

第三節　全国的な動きの中で——コモンズネットなど連帯の進展

二〇二二年の夏と秋に、東京都の神宮外苑を守る運動、神戸市の王子動物園を守る運動の方々が、私たちの植物園を守る運動を見学に来られたり集会に参加されたりして、お互いの運動の交流が始まりました。二〇二三年の晩秋になって、この中の一人であるロッシェル・カップさんと原和加子さんたちから、「全国で公共の緑や自然を壊す開発の動きが広がっているので、同じ運動に取り組んでいる団体のネットワークを作ろう」という呼びかけがありました。同年一二月に第一回の会合が東京の西銀座で開催され、なからぎの森の会の代表として私も参加しました。ここで「コモンズの緑を守る全国ネット」(コモンズネット)の結成が行われ、二〇二四年になってから関東地域を中心に三〇以上の団体の参加がありました。無理な開発が各地で行われていることが実感できます。大阪市でも公園や街路樹の一万本以上の伐採計画があるようです。大阪市政与党の「身を切る改革」ではなく、「木を切る改革」が進行しています。

二〇二四年三月には、永田町の国会参議院議員会館の会議室で、神宮外苑を考える議員連盟(会長・船田元氏)ら十数名の議員さんに対して神宮外苑の問題と京都府立植物園の問題を説明する集会が持たれ、私も参加して一五分ほどの報告を行いました。国会議員会館まで行くのは初めてでした。国会議員の方々にお話をするなんて大したものです。

また、この秋の一〇月二六日にコモンズネットの主催で神宮外苑から日比谷公園までパレードするイベントも取り組まれ、衆議院議員選挙の前日にもかかわらず、約二五〇人の参加を得て、六本木や青山など五キロをパレードしました。「神宮や日比谷の緑を守りましょう」とともに、「タワー・マンションや大型ショッピングセンターはいらない」というスローガンを東京の都心で叫んだことは、私の一生の思い出となりました。これらの運動をきっかけに、全国の緑や水、歴史的遺産を守る運動とも連帯して、京都府立植物園と府立大学を守る運動を広げられればと思います。

第四節　「北山エリア整備基本計画」は残る――活動は続く

二〇二〇年一二月に出された「北山エリア整備基本計画」にうたわれていた、①植物園の開発計画については二〇二三年三月に「見直し案」が出され、また、②旧総合資料館跡地の利用については二〇二三年一二月に、二〇三二年までの暫定利用（住宅展示場やイベント広場、駐車場用地など）にすることが表明され、今は旧建物の解体中です。さらに、③二〇二四年三月には府立大学構内にアリーナを建てる計画が断念されました。つまり、「整備基本計画」にうたわれていた計画の大きな課題すべてが見直されたのです！　私たち五団体はこのことを受けて、二〇二四年五月に京都府に対して「北山エリア整備基本計画」自体の見直し・撤回を求めましたが、担当者は「見直さない」と回答しています。府当局は「すきあらば開発は行う」との構えを崩していないのです。

そこで、「北山エリア整備基本計画」はいったん白紙に戻して、今後は専門家や地元住民、商店街の役員を含めた「北山エリアの将来を考える協議会」を作って議論してはどうでしょうか。私たちは府民・市民や全国の専門家とも協力して、植物園・府立大学・北山エリアの環境と景観を守るために、以下のような目標を掲げてこれからも活動を継続していきたいと思います。

（1）「生きた植物の博物館」である府立植物園を守り、発展させたい。

①二〇二三年二月の「植物園の見直し案」の慎重な検討を図ってほしい。

②植物園を守る植物栽培の専門職の採用などの担い手を育てていく取り組みも希望します。

（２）府立大学の教育・研究環境を守るために、老朽化した体育館や耐震に不安がある校舎の早急な建て替えを、学生・教職員の命を守る予算化を要望します。

（３）閑静な文教地区としての北山エリアの住環境を守りたい。

（４）北山商店街のブランドを維持して発展させたい。

（５）旧総合資料館跡地等の計画には住民の声や商店街の意見を反映させてほしい。

（６）地下鉄北山駅には西側にしかエレベーターがないので、住宅地が広がる東側にも設置して利便性・安全性を高めてほしい。

（鯵坂　学）

参考文献

野中大樹他（二〇二四）「喰われる自治体—溶ける地方創生マネー」『週刊東洋経済』二〇二四年五月一一日号

第一〇章　京都の市民運動の流れの中で

第一節　京都市民は運動により景観・くらしを守ってきた

京都市の水と緑をまもる市民運動

京都市では以前から多くの地域で自然環境を守る市民運動・住民運動が取り組まれてきました。特に東山・北山・西山の三山を守る運動では、「京都・水と緑をまもる連絡会」(「連絡会」)の活動は特筆すべきものがあります。連絡会結成十周年を記念して刊行された『水と緑―京都の山野をまもった市民の軌跡』で振り返ってみました。

連絡会は一九八九年六月一六日に「水と緑をまもる京都宣言」を採択して結成されました。当時は、乱開発・環境破壊の嵐が列島全体に吹き荒れていました。京都三山の危機は一九八八年の夏、突然の「火山噴火」ともいえる鴨川ダム計画と大文字山ゴルフ場建設計画が勃発しました。地域住民はその対策に右往左往しながらも、なんとか戦う態勢をつくって反対運動に立ち上がりました。これら計画の許認可権をもつ京都市に対して反対の声をぶつけていくことになりますが、住民による反対運動は、行政の住民無視、秘密主義、開発優先の姿勢に怒りと危機感を募らせていきました。行政と戦って乱開発をストップさせることは、もはや孤軍奮闘では敗北は必至であることを痛感し、なんとしても勝利をかちとるために、仲間づくりや同盟の結集を必死に追求していくことになります。こうした中で結成された「連絡会」の運営の基本コンセプトは、「いざ鎌倉」とはせ参じた仲間であっても、空中分解を避けるためには、機関決定のおしつけを排除し、自律的自主的活動を尊重することを原則として、相互扶助・連携のゆるい形をとっていくことになりました。政治的には全ての党派に働きかけることをめざし、各団体の自主性を確認・尊重することとしました。

連絡会の結成後、七月には西山での第二外環計画による環境・景観破壊に反対する「京都西山の自然と文化をまもる会」、岩倉で不法住宅開発に反対する「一条山と岩倉周辺の環境をまもる会」が結成されるなど、全市域で大規模な不法開発に抗する市民運動組織が次々と立ち上がり、「連絡会」への参加が相次ぎました。その年の一二月には大文字山ゴルフ場の開発断念を勝ち取るという成果を得て、翌年七月には鴨川ダム計画の撤回が知事発表されるなど、「連絡会」の意気は大いに盛り上がっていきました。その後も、ポンポン山ゴルフ場、深泥池道路拡幅などが開発不許可になり、北山では八丁平湿原での林道計画の迂回や、長年にわたり住民の反対によって手詰まりとなっていた大見運動公園計画の凍結発表を勝ち取り、「連絡会」は京都における自然環境破壊をくいとめる役割に大いに貢献しました。

（佐々木佳継）

参考文献
京都・水と緑をまもる連絡会十周年記念誌編集会議（二〇〇〇）『水と緑　京都の山野をまもった市民の軌跡』

京都でのまち壊しに抗する運動の中で

このような開発から自然を守ろうとする運動と同じように、京都ではまち壊し・景観破壊を止めようとする運動も続けられてきました。高度経済成長期以降、京都らしい景観が破壊されるまち壊しの動きが続いており、これに対して、市民の中から自分たちのくらしと景観、公共の財産（コモンズ）を守ろうとする運動が連綿と取り組まれてきました。まず、一九六四年に京都駅前に高さ一三一メートルの京都タワー建設が計画され、論争が起こりました。また、一九六四年に右京区御室の双ヶ丘にホテル建設計画が持ち上がりましたが、市民や行政の反対で中止になりました。「景観は市民みんなのもの」という景観保護の考え方が広がり、一九六〇年に奈良・鎌倉・京都の歴史的風土を保全するために古都保存法が、一九七二年に京都市市街地景観条例が策定されました。

しかし、一九八四年に宝ヶ池プリンスホテル問題、一九九〇年～一九九四年に京都ホテルの高層化問題が起こり、一九九七年には京都駅ビルが同じく六〇メートルの高さで京都のまちを南北に分断する形で建てられました。一九九八年に半鐘山宅地造成問題と鴨川のポンデザール橋問題が起こりました。鴨川のあまり距離がない三条大橋と四条大橋の中間にパリのポンデザール橋を模した人道橋を架けようとする計画で、多くの市民の反対の声で白紙撤回させることができました。

京都らしい景観を守ろうというこれらの運動に押されて、京都市は二〇〇七年に市街地の建物の高さを四五メートルから三一メートルに引き下げる「新景観政策」を策定し、京都のまちの景観を守る方向に転換しました。にもかかわらず、最近の京都市では、新景観政策の見直しや特例によって高さ規制を緩和し、またも高層の建物が立ち並ぶ、どこにでもあるような町に変えようという動きが出てきています。京都会館・京都市美術館の建て替えでデザインが変更された問題、南禅寺参道・仁和寺・相国寺近くの大型ホテル問題、梨木神社・下鴨神社の境内・松ヶ崎・岡崎聖護院のマンション問題、各地学校跡地・公園の企業への提供など、まち壊し、景観破壊の動きにとどまることがありません。京都の住民たちはその都度、中止を求めて粘り強く運動に取り組んできています。「京都・まちづくり市民会議」、「まちづくり共同研究会」、「左京まちづくり連絡会」、「これでいいのか京都ネット」など、さまざまな運動団体・組織が活動を続けています。

府立植物園と北山エリアを守る運動も、こうした市民運動の伝統があった中で、その方法を学び他の運動からの協力を得ながら、成果を上げることができたのです。北山エリアの開発計画見直しを求める運動は、植物園を含めた一帯の景観を守る運動であり、京都の自然・文化・住環境を守る運動そのものでした。

（都築澄子）

第二節　市民運動と政治

私たちの生活のすべてが政治につながっているのですが、特に市民運動は政治と密接に関係せざるをえないようです。全国の市民運動にたずさわる方々に聞くと、運動への協力を求めて与党の議員に連絡をとっても、「所属政党が首長の政策に賛成しているので、申し訳ないが協力できない」との返答が多いそうです。議員は所属政党の方針に反するような行動はできないのです。「寄らば大樹の陰」とばかりに、日本の地方議会はほとんどの政党が与党会派になっているので、自治体の首長が進める政策に異を唱える時には、数少ない野党議員や無所属の野党系議員を頼るしか方法がありません。自治体の施策は必ず議会で論議されるので、自分たちの運動に関する議題が議会でいつ審議されるのか、どんな議論になっているかなど、議員から得られる情報は重要です。真剣に活動している議員の情報量は、場合によっては一般市民を圧倒します。該当する自治体の労働組合も情報は持っていますが、この組合が市民目線の組合かどうかはわかりません。

地方自治体の首長の政策は基本的には民意を得ていることになってはいます。選挙で信任を得ているからです。しかし、住民は首長にすべてを「全権委任」したわけではありません。個々の政策が住民の意に反することは十分ありえるのです。そのために住民には「請願権」が保障されています。私たちの市民運動は「請願」というきちんとした社会の重要な機能の一端を担っています。その請願運動が利権抜き損得抜きで行われれば、自治体の施策よりも「正しい」場合が多いことになります。政治の暴走を止める最後の砦かもしれません。

能登半島の地震・洪水があってから、「石川県珠洲市の反原発運動」の偉大さにほんとうに頭が下がりました。もしも珠洲市に二つの巨大原発が計画通りつくられていたならば、今ごろ日本は壊滅していたかもしれません。究極の意味でこの市民運動は日本の「最後の砦」だったのです。

一方では、市民運動は原則的には各政党などとは等距離な立場を保った方がよいとも思います。「現在の首長に投票はしたけれど、この政策には賛成できない」人びともいます。与党会派を支持している市民も巻き込んで多数派を形成する運動が必要です。ですから、「なからぎの森の会」は選挙で特定の候補者への推薦は出しませんでした。選挙の時に世話人がどう活動するかは自由ですが、会としては中立としました。公開質問状を各候補者へ出して、回答をチラシにして周辺地域に配布する活動もしました。二〇二四年の京都市長選では四候補すべてから回答をもらいました。周辺地域だけで数万筆の署名があり、すべての候補者にとって植物園問題は避けられない問題となっていました。

（吉澤喜代一）

第三節　植物園を守る運動への思い

府立植物園は共有の財産

二〇二〇年末だったか、その翌年一月のことだったか……記憶の彼方なのですが、ある日、ご近所の方が署名に協力してほしいと私宅を訪ねてきました。その趣旨は、植物園北側の面積削減とバックヤード面積を減らすことに反対するというもので、全国の植物の専門家たちが呼びかけ人になっていました。もちろん即座に署名に応じたことは言うまでもありませんが、実はそのころの私は「バックヤードってなに?」という浅はかさだったのです。

ほどなく、これは単に植物園壊しだけではなく、北山地域一帯を整備計画の名のもとに大きく変えようとしていることを知った地域の方が、地元でこそ運動しようと立ち上がり、誘われて私も参加しましたが、その勢いたるやとどまるところ知らずでした。「会」では植物園の歴史や今回の計画の手法などさまざまな学習会を催し、それを活動に生かすことに徹した感があります。また、世話人会を頻繁に重ね、必要に応じてメールを交わし、議論を尽くしました。毎週土曜に定着した署名集めは、正直なところ、「雨が降らないかなあ」などと不埒な思いがよぎる時もありましたが、ともに立つ仲間と確実に増えてゆく署名数に励まされてきました。

この活動を通じて、植物園がより身近に感じられるようになりました。そうして、幾多の危機を乗り越えて一〇〇年を迎えた植物園は、まさに府民と園を訪れる人びとの何ものにも代えがたい共有の財産であることに気づきました。この大切な財産は、これからも私たち府民の手でひき継いでいかねばなりません。また、この運動に携わった一人ひとりの力は決して小さくはなく、むしろ大きかったのだと思うのです。

（静永鮮子）

返還前の府立植物園の思い出

府立植物園との縁はまだ米国占領地のころからでした。西京大学（現在の京都府立大学）に勤めていた父・若き西元宗助が子守を兼ねて、府大の農園地よりそっと通らせてもらって、外からはそれが見えないほどに密に植えられたカイヅカイブキの木々に囲まれた、噴水のある花園に何度か訪れた懐かしい思い出があります。父は書き物や読書にいそしみ、私たち学齢期に達しない幼い年子兄妹三人はそこでしばらく遊んでいました。まったく静かな私たちだけの秘密の花園（今は沈床花壇の所）でした。そこから西に出ると、ヒマラヤスギの木々がそびえている

今も開園当時の面影を残す府立植物園正門

道があり、その少し北に可愛い米国人の緑色の館がいくつかある風景（クスノキの道沿い）をのぞき見したこともあります。全くの異国でした。外国の子どもも見かけました。そのころ洛北高校美術クラブだからと、スケッチのために特別に金網のほつれから出入りさせてもらっていた、という先輩の話も昨年耳にしました。戦後ですから多分に緩やかに対応されていたのでしょう（同じ金網のほつれからでしょうか。同窓の男の子は見つかると叱られたが探検しに行ったと）。また、プールのなかった下鴨小学校に上がって、学年ごとに植物園の北の方にあったプールを借りに行っていた時の思い出もあります。ゲートが上がるのを待ち、進駐軍の人がゲートの横に立っているという物々しい光景が忘れられません。一九五八年一二月になって実際に全面返還された由ですから、一年生の時のことでしょう。

占領されていた戦後の中でも、密かにしっかり守り継がれてきた植物園であり、この府立植物園がいかに大切なものであるかを、改めて学ばせてもらいました。これからも、周囲の環境や内なる環境を最大限に大切にしていかないといけないと思っています。現在よりもなお府立植物園が大切に継承されるように、若い人びとに未来の人びとによろしくお願いしたい次第です。

（中津西元めぐみ）

署名サポーターとして①

私はこの活動に関わることができて本当に良かったと思っています。私がこの活動に関わるきっかけは、二〇二二年京都府知事選の直後です。たまたま見ていた夕方のニュースで、当選した西脇知事の記者会見が報じられました。その中で「植物園の開発計画を一番に進める」と言われたのを聞いて、「これは絶対に許してはいけない！」と、私の中のスイッチが入りました。争点そらしをしていたのに、当選するやいなや着手するなんてありえないと思い、インターネットを検索するうちに「なからぎの森の会」に辿り着き、署名活動に参加することになりました。

私は約二年の活動を通して二つのことを学びました。一つ目は諦めないことの大切さ、二つ目は人はいくつになっても変われるということです。一つ目についてですが、「なからぎの森の会」の皆さんは私より年齢が上の方たちばかりですが、皆さんタフで、やらなければいけないことを粛々とされていることに頭が下がる思いでした。猛暑の中、雪がちらつく中、ほとんど人通りがない中でも、毎週北山門前に集合される。かなりの署名が集まってもなかなか府は態度を変えようとしない中、それでも毎週の宣伝活動をされる。これって並大抵の覚悟がないとできないなと毎回思っていました。何があっても諦めなかったから、アリーナ建設断念まで辿りつきました。その一助になれたことを嬉しく思います。二つ目についてですが、消極的な私が自分から署名活動に関わり、積極的にビラを配り、質問されたらわかる範囲で答える。自分でもビックリです。そんな自分になれたのも嬉しいことです。

当初の計画は断念したものの、植物園一〇〇周年を迎え、それを名目に京都府はまた「賑わいの空間」を作ろうとしています。「生きた植物の博物館」である京都府立植物園を守るため、府の動きを見続け、引き続き頑張りたいと思っています。

（中村久美）

署名サポーターとして②

二〇二二年三月に友人に教えられてパレードに初参加。二日後に長岡京市の知人たちと一緒に「府立大学・府立植物園」の案内をしていただき、その丁寧で熱心な説明に、「知らんかったわ」と北山エリア問題に開眼。植物園から唯一障害なくみられる比叡山は、太古の昔から人びとが営々と暮らしてきた悠久の時間と自然の広大さを深々と示しているようで、「この植物園を守らずに、どのツラ下げて先人と後人にまみえようか」と、後期高齢者の残り火が着火しました。

酷暑や厳冬の中でも休むことなく続けられた署名活動では、賛同者と交す短い会話や一筆一筆がとても励みになりました。土曜日が雨だとほっとする気楽な私のような者でも、その地道な活動自体が地に足の着いた実践として、日常の不動の底力を示すことがわかってきました。数々のパレードや報告交流集会・署名活動を通して学ぶことが多かったのは、ひとえに「なからぎの森の会」の皆さんのチームワークの見事さによると思います。京都府の理不尽な対応に次々と具体的に対峙と論破をして、集会による学習や広報がゆるぎなく行なわれ、しかも教条的になることなく、それ自身の自立した運動体であることに改めて感銘を受けました。その過程でどれ程の議論と労力と疲労が蓄積されてきたことかと、一人のサポーターとして感謝の念にたえません。現在の困難な状況の下で、ひたすら頑張っておられる全国の市民運動の方々に、「府大のアリーナ建設断念」という画期的な成果が波紋のように伝わり励みになりますように。

（水渕万智子）

個性あふれる世話人たち

世話人会のメンバーはそれぞれに個性・特技があり、私がこっそりあだ名をつけてみました。

アジテーター　――講演会や集会での運動の到達点・問題の説明は、ほとんどこの方の役割。

森のカフェのマスター　――何回か行った懇親会（森カフェ）での茶菓担当。一人で区役所前でノボリ旗を持って宣伝も。

画伯　――「なからぎの森の会」のポスター・絵・横断幕等々の作成はほとんどを担ってもらう。

バイリンガル　――独語・英語が得意。英語のビラや外国の植物園に手紙を出す時にも活躍。署名活動では外国の方に話しかける姿も。

長老 ——京都の市民運動の先駆者的存在。私たちの運動にも多くの助言をもらう。

人形遣いさん ——物静かな方。集会で司会を任せるとこの方の右に出る者はない。

赤ペン先生 ——他団体への要請文や抗議文・ビラ等々、私たちの配布物に赤ペンで修正してもらう。

ネゴシエーター ——京都府との交渉やさまざまな団体との交渉はこの方の腕にかかっている。

議長—世話人会での議長役。会議のまとめ役であるが、時々脱線もあり面白い。

ジャンヌダルク ——暑さ寒さも乗り越えての署名活動。この方がいなければ運動はここまでは進まなかったかもしれない。

取締役 ——困った時の相談に乗ってもらう。地域の事情をよく熟知されている方。

ボヘミアン ——かつての下鴨をこよなく愛する方。さまざまな市民運動に携わり、おかしいな？にはどうにも黙ってはいられない。

（内苑聖司）

第四節　運動を振り返って

「この計画を止めさせるなんて、とても無理ではないか」と、初めのころは多くの人が思っていましたが、計画の内容を知れば知るほど、「こんな理不尽なことがまかり通るはずがない」と思うようになりました。なぜ、京都府に計画の見直しをさせることができたのか、お伝えできることは何か考えてみました。

①すべては「運動方針」次第

「いくらなんでも植物園はつぶしたらあかんで」と、文化人や俳優が新聞に寄稿し、ラジオのパーソナリティーが意見し、亀岡市の市長さんはわざわざ記者会見の場で発言しました。多くの府民も同じ思いでした。しかし、知事がやることだから京都府議会与党会派の政党は議会で反対できません。一部の野党議員だけが激しく反対している力関係でした。議会で劣勢にもかかわらず多くの反対の声が上がる状況をつくったのは、私たちを含めた多くの方のそれまでの努力だと思います。

この状況をさらに変えるのは何といっても「運動団体」です。その「方針」です。「味方をつくりまとめる作戦」です。行政権力と戦うのですから最初から力関係は劣勢なので、運動団体の根本の運動の方針・方向性が間違っていたら、まず勝ち目はありません。たくさんの協力者や署名が集まるのも、結局は「方針」が正しいからだと思います。逆に言うと、多数の人が行政の横暴に反対していたとしても、運動を進める団体の「方針」が間違っていれば、勝てる戦いも勝てなくなると思います。

運動は仕事ではないので、参加者間の「共通の土台」がありません。仕事なら職場の共通認識があるので、多くの業務は目的に基づいて自然に流れていきます。しかし、市民運動では署名の内容を「どうするか」でさえ一致しないことがあります。中には「自分の考えをとにかく通したい。自分が主役でいたい」がために活動しているように思える人もいます。市民運動は利己的言動を組織に内包していては活動が立ちゆきません。最初により多くの人の意見を取り入れて検討し、多くの市民の賛同を得る「基本方針」をつくることが大切だと思います。

私たちの運動の最も重要な方針は、まず最初に「京都府立植物園を守る」ことに焦点をしぼって、それに特化した活動をする「なからぎの森の会」をつくったこと自体です。京都府は植物園周辺に「北山エリア」という造語をつけて煙幕を張りました。私たちが「北山エリア整備基本計画反対」と訴えても、「北山エリア」とはどこのことか、誰も知りませんでした。それに対して、「京都府立植物園をつぶさないで」と本質を突いた言葉で反撃を始めたのです。

②運動は一人ではできません

運動を続けていくには最低三人は必要ですが、それでも全然足りません。八人はほしい。八人いれば、人前でしゃべる人、文章が書ける人、行事の手配をする人、チラシをつくる人、ポスター・横断幕・ノボリをつくる人、パソコンができる人、パソコンで絵が描ける人、会議を仕切る人、英語ができる人、集会で司会ができる人、雰囲気を和やかにする人など、得意な分野があるものです。私たちの「なからぎの森の会」の世話人会は一二名で、二週間に一度の会議には常に七名以上は出席していました。コロナ禍で会議の開催は少なくしましたが、それでも二〇二四年一二月までに九二回開催しました。「運動の最初にたくさん集める。集まるまで少し待つ」のがよいと思います。

また、正しい方針を出し続けるためにも三人では足りません。「当たり前の道理ある方針」を常に打ち出し続けることはそう簡単なことではありません。あらゆる観点から議論をする必要があり、多くの情報を集めるためにも、一二人の多様な個性があることは大切でした。うまくいった最大の秘訣は、この「一二名という人数」だったかもしれません。「なからぎの森の会」が属する連絡組織「北山エリアの将来を考える会」を含めると、大きな決定には合計二〇名近くが関わりました。これが「決定的な方針のミス」をしない保障となりました。とはいっても、組織の一部にだけ判断を任せてしまって、組織の全員が間違った方向に進むことは往々にしてあります。組織の一人ひとりが真剣に考えず「ぼーっと」としていると、「組織はけっこう間違える」と思ったほうが良いかもしれません。

③運動の組織は一つの方向にまとまっている方がよい

「市民運動は仕事ではないのだから自由にやりたいし、その権利もあるはず。運動の組織は独自につくって、やりたいようにやっていきたい。それに、いろいろな方面から人びとが立ち上がれば、運動のすそ野が広くなる」と、考える向きもあるとは思います。しかし、あくまでも大事なことは「運動の目標の達成」です。「自由な活動」や「自己実現」が目的ではないと思うのです。仕事ではありませんが、遊びでもないと思います。見知らぬ者同士が集まるので、一面では仕事よりも難しいのです。タモリさんの名言を借りれば「真剣にやれよ！　仕事じゃねぇんだぞ！」といったところでしょうか。

運動の各組織は基本的な方針を一致させて活動しなければうまくいきません。同じような趣旨の独自署名などを別々につくってしまうと、各グループ間の共同した行動もままならないし、署名を大規模に集めることにはなりません。統一署名をもう一度集め直すことはなかなかできません。「なからぎの森の会」はありがたいことに多くの寄付をいただきました。運動の中心組織となっていたので信頼を得ました。一六万筆の署名のうち十数万筆は「なからぎの森の会」が集めたものですが、他団体の署名もすべて「なからぎの森の会」が集計して発表し続けました。それらをまとめて京都府と交渉をしました。

したがって、組織をつくる時は最初から「統一組織」、署名は「統一署名」をつくった方が得策です。「何となくとりあえず」始めない方がいいかもしれません。「まとまろう」とする強い意志が運動する人たちに最初から必要だと思います。

④中心メンバーには「運動への覚悟」が必要

「なからぎの森の会」では、「万が一、京都府立植物園をつぶす工事が始まったら、ネット署名された全国の方々や地元の方々に呼びかけて、大勢で座り込みをして工事を阻止する覚悟」はあったと思います。権力と対抗するのだから勇気が必要です。「座り込み」は現実には必要ありませんでしたが、会の中心の人たちがどの支援者よりも「勇気と覚悟」を持っていないと、支援者の方ががっかりします。

⑤一番効果的な戦い方から逃げない

行政権力に対して尻込みをして、「権力に対峙する一番効果的な活動」を最初から避けていると出発からうまくいきません。「まず、それをやらないのでは勝てないでしょう」と思ったりしますが、「色々事情があるのです」と言われたりします。最初に、その「事情」としっかり対峙して内部で激烈に議論をしてみてはどうかと思います。「なからぎの森の会」は、最初のころに「大論争」をし、意思を統一しました。

⑥方針を変えない

相手の脅しやデマに屈して根本の方針を変えてしまったり、「情勢の変化」と言って方針を変えてしまったりすると、支援者が「もうついていけない」と言い出しかねません。運動が解体してしまうこともありえます。もしも、脅しや暴力的な威圧があるのでしたら、そのこと自体が大問題なので、しっかりと取り上げて反論の材料にしましょう。方針を変えることは「致命傷」になりかねないと思います。デマについては実際に京都府も流しました。デマチラシが三回地域にまかれました。デマであることは明らかだったので、反撃チラシをまきました。また、行政担当者との懇談の中で一度釘は刺しておきました。「脅し」に屈するのではなく、相手の不正を逆手にとってこちら屈することなく反撃しましょう。デマは意図的に流されます。から攻めてもよいと思います。

「権力と対峙する。お上に物申す」ことは、昔も今も怖いものです。労働組合活動や長年の市民運動で権力と対峙することに慣れている人ならばいざ知らず、一般市民は普通ビビります。ビビると相手はそこを見透かしたように、威圧的・暴力的に脅しを入れてきます。暴力的であることを告発して切り返さなくてはなりません。ともかくビビッて方針を変えるのはよくありません。交渉に強い人、弁護士、議員などの力が必要かもしれません。

⑦会議で自分に対する反対意見が出てもムッとしない。議論を蒸し返さない

会議は自由な議論が保障されていないといけないと思います。反対意見を言うことがはばかられるような雰囲気をつくってしまってはいけません。自分の意見を否定する意見が出てきても、ムッとしてはいけません。自分の意見が間違いだなと思ったらすぐにひっこめましょう。声の大きい人が明らかに間違った方針を主張しているのに、みんなが黙っているような会議をしていては、正しい方針は出せません。自戒の意味も込めてそう思います。

また、すでに決まったことを蒸し返す人もいます。どうしても大事なことならしかたがありませんが、よほどのことがない限りやめた方がよいと思います。すでに何万筆も署名が集まり、会の知名度もあがっているのに、「署名の内容がだめだからつくり直そう」とか、「会の名前がだめだから変えよう」とか、ありえないような話を蒸し返していたら際限がありません。

⑧審議会のすべての委員に運動関連の資料を送り届けました

自治体などの施策に対しては審議会のようなものも開かれます。委員にひどい人物が決まる場合もありますが、中にはその道の専門家や心ある方もおられます。事前にこちらの資料を送っておいて、「多くの人が反対していることや反対している道理ある理由」を知らせておけば、最初の審議会からまともな意見が出てきたりします。主催者側が委員に審議内容についての正確な情報を伝えていない場合には、審議会が単なる放談会で終わる恐れもあるので、自分たちの資料を送っておくことは大切です。「多くの一般市民の道理ある後押しがある」と思えば、審議会で反対意見を述べる勇気が委員にも出てきます。京都府立大学に建つ予定であったアリーナの審議会（実際の名は意見聴取会議）では、最後には審議会の座長が「府立大学内には一万人ではなく、二〇〇〇人規模の体育施設が相当である」として、それが審議会の結論となりました。

⑨組織の「長」にできる限り会うようにしました

粘り強く交渉した末に、京都府立植物園長と京都府立大学長のどちらにもお会いしました。「組織の長に会わないとだめだ」という「なからぎの森の会」のベテラン勢の強い意見がありました。三回も申し入れをすることにより、園長や学長とようやく会うことができました。会おうとしないのならば、「会談を拒否している」と判断することもできました。「長」と会わずに申し入れ書を事務方に渡しただけでは、それがきちんと「長」に伝わる保証はありません。会えばこちらの考えを直接伝えられます。

話をすれば、相手が全く話の通じない人物なのか、それとも十分意思疎通ができる人物なのかがわかります。組織の長からの情報量は良くも悪くもけっこう多いので、話の内容によってはその後の活動方針に参考になることもあります。できるだけ一番上の役職に会うことは重要です。

⑩「みんなが反対している」ことを示すには署名は有効です

ネット署名の普及もあって、署名がダサいものからファッショナブルなもの、かっこいいものに変わってきています。署名が世の中を動かす例がいくつも出てきて、昔のように「こんな署名をしても意味がない」とは言われなくなってきました。ネット署名は全国的な課題の場合は特に有効です。うまくいけば、集まる数の桁が違ってきます。「なからぎの森の会」のネット署六万六〇〇〇筆は運動成功の重要な起点であり、基礎となりました。これがなかったら、運動がその後どうなったかわかりません。

一方で、紙の署名は人をつないでお願いして集められるので、運動に広がりが出てきます。ネットと縁のない方や中高年の方にも広げられます。紙の署名はいろいろな団体や個人が集めてくださって大量に届けてくれました。「緑を守りたい」という思いは中高年の方が強いように思いました。紙の署名を運動に関連のある場所で集めれば、問題が存在していることを広く知らせることになります。署名や運動の内容に疑問を持っている人に直接答えることができます。横断幕・ノボリを掲げながら署名を集めると、何をしているか広く知らせることになります。同じ場所で定期的に署名を集めると、そこが支援者の「連絡所」になります。集めた署名を届ける場になります。その場所での署名をすぐにしてもらえない人には、返信用封筒付き署名用紙を渡して後日郵送してもらいました。けっこう費用が掛かりますが、たくさんの寄付金をここに使いました。

京都府への署名提出は七回行ったのですが、第一回目からすでに五万筆を越えていたので、京都府は私たちを「公的な組織」として最初から丁寧に扱いました。署名の一〇万筆突破で私たちは完全に「市民権」を得ました。「住民説明会」開催にこぎつけることができて、ここから流れが大きく変わったと思います。

⑪やれることはすべてやる、すぐやる

私たちの活動は京都のこれまでの市民運動の歴史の上に成り立っています。そのノウハウは生きていると思います。しかし、独自に考えても活動しました。特に、「今の時代に即した活動は何か？」を追及しました。「ネット署名」、「一二八回の北山門前署名活動」、「けっこう猛烈な相互批判」、「リモートワーク」、「わかりやすい話をすること」など、地道な活動も含めて思いつく限りやりました。「すぐ」にやりました。急ぐ課題が多くて次々とやってくるかもしれないからです。誰からも教わっていないこともたくさんやりました。失敗することも多かったのですが、諦めるつもりは全くありませんでした。いざとなったら「さらなるアイデア」を捻り出したでしょう。

数え切れない人びとに会って、連絡をもらい、署名をしてもらいました。その力が集まった先に幸運が舞い込みました。ご協力本当にありがとうございました。

（吉澤喜代一）

ご支援ありがとうございました
これからも皆で府立植物園を
守っていきましょう

【京都府に望みます】

◆ 旧総合資料館跡地等の
活用でも府民住民の声に
耳を傾けて！

◆ アリーナ建設より、
府立大学の整備を急いで‼

北山エリアの将来を考える会／京都府立植物園整備計画の見直しを求める会（別称　なからぎの森の会）

おわりに

私たち「なからぎの森の会」は二〇二一年四月に発足して、本書の第八章に書かれているように、二〇二四年三月一四日の知事答弁「府立大学構内におけるアリーナ建設断念」によって、運動の一つの区切りを迎えました。この三年間の運動の中で一番の思い出は、やはり三月三〇日に一二八回目で終止符を打った植物園北山門前の署名宣伝行動です。京都の暑い真夏の日には木陰にたたずんで汗をしたたらせながら、寒い真冬の風雪の日にはカイロを忍ばせても震えながら、「植物園にご来園の皆さま、北山通りをご通行中の皆さま！」と訴え続けてきました。「環境破壊・住民無視・税金のムダ使いのこんな無謀な計画は絶対に許せない」と、私たちはいつも心の中に灯をともし続けながら、明るく楽しくやろうと確認し合ってきました。先日北山門前を通った時に、ついこの間までの私たちの運動の姿をそこに再現して懐かしく思ったものです。

そこで、「この市民運動は記録に残すべきだ」と個人的にはうすうす思っていましたが、八月の「なからぎの森の会」の世話人会でその書籍を出版することを決めました。その結果、最後の執筆者一覧のように、このたび総勢二四名の執筆によってこのような物語を綴ることができました。本当に心の底からうれしく思っています。そして、この物語が少しでも読者の皆さま方の生活のエネルギーになり、理不尽な生活破壊に立ち向かうための一助になればと、私たちはささやかに思っています。

ところで、私たちはこの運動をめぐって今までさまざまな議論を展開してきたのと同様に、この物語の編集方針についても多くの議論を積み重ねて、編集会議は一〇回を超えました。そして、できるだけ体裁は統一しながらも、二四名の執筆者それぞれの書き方の個性を尊重することに気を配るようにしました。そのために文体や内容は多様ですが、それも執筆者の方々の個性や立ち位置の表れとお考えいただければ幸甚です。また、出版をお引き受けいただいたかもがわ出版様からは、活動記録ではなく、物語仕立てにすることをお勧めいただきました。それでも、各章各節の性格のために記録的に書かざるをえなかった点はご了承下さい。さらに、本書とは別に資料集を発行する必要があると考えて、『京都府立植物園を壊さないで——資料集Ⅰ・Ⅱ』（木村桂文社）を昨年一二月に発行しています。

なお、本書の編集委員は、鯵坂学、磯見吉勝、齊藤孝、高原正興、都築澄子、吉澤喜代一の六名です（五〇音順）。本書の内容についての評価・ご批判・ご質問などあれば、遠慮なくお寄せ下さい。

また、最後になりましたが、「なからぎの森の会」のメンバー以外で執筆を引き受けて下さった方々、マンガの掲載を認めて下さった美濃やまびと様にも、この場を借りて感謝の思いを伝えさせていただきます。お蔭さまで、私たちの汗と涙と喜びの物語を世に広めることができました。

二〇二五年一月　高原正興

京都府立植物園・北山エリアを巡る動き

年月日	○なからぎの森の会の活動 ●北山エリアの将来を考える会などの活動	参加人数等	その他の動き
2019年 11月			スポーツ庁「スタジアム・アリーナ改革の推進」
2020年 3月13日			北山エリアにおけるアリーナ的要素を持った体育施設の整備可能性調査業務最終報告資料（概要版）（KPMG）
9月29日～10月19日			「北山エリア整備基本計画」（骨子案）について意見募集（パブリックコメント）
11月6日	●北山エリア整備計画に係る運動の相談会（府立大）	26名	
12月19日	●北山エリア構想を考える懇談会（左京区役所）	約50名	
12月			京都府が北山エリア整備基本計画を発表
2021年 3月14日	●植物園・府立大学体育館ウォッチング	35名	
3月18日	●「北山エリアの将来を考える会」発足	約20名	

京都府立植物園・北山エリアを巡る動き

4月17日	●講演会「まもなく100周年！府立植物園の魅力」	120名	
4月17日	○「なからぎの森の会」発足		
4月22日	○「なからぎの森」No．1発行		
5月21日	●京都府に第1次署名提出、府議に申し入れ、記者会見		
5月22日	○署名活動開始宣言集会	50名	
6月26日	●講演会「府立大学の歴史と役割」	76名	
7月2日	●府庁前宣伝、第2次署名提出、記者会見	約50名	
7月25日	●地域戸別訪問署名集中行動（177筆）	33名	
7月28日			北山エリア整備事業手法等検討業務報告書（KPMG）
9月24日	●公文書公開を請求		
10月5日			松谷元園長等による記者会見↓テレビ放映・新聞報道
10月8日	●府庁への緊急申し入れと記者会見		
10月13日	○京都新聞にマンガチラシ折込	2万8700枚	
11月6日	●署名10万筆達成		

11月8日・9日		延べ500名	京都府による説明会
11月11日	○海外植物園58園にメール送信		
11月19日	●記者会見、府庁周辺パレード、第3次署名・公開質問状提出		
12月19日	●府民大集会（北文化会館）	300名以上	
2022年 1月31日			北山エリア整備事業手法等検討業務報告書（KPMG）
2月20日	○しんぶん赤旗日曜版京都府内に署名用紙を折込む		
2月24日	●京都府に要請書提出		
3月12日	●知事選予定候補者に公開質問状送付		
3月13日	●北大路橋北西河川敷～植物園パレード	約300名	
3月22日	●第4次署名提出		
5月21日	●「どうみる北山エリア開発」学習・交流会	118名	
5月27日	●京都府へ要請、記者会見		
5月31日			第1回植物園整備検討に係る有識者懇話会

6月28日			文化施設政策監が葵学区各種団体連絡協議会に説明に来る
7月1日	○植物園長と懇談		
7月20日	●昼休み府庁周辺パレードと府議会会派まわり	130名	
7～8月			京都府からのお知らせ第1号を配布
8月9日			第1回旧総合資料館跡地等に係る意見聴取会議
8月10日			第1回共同体育館に係る意見聴取会議
9月1日	○「なからぎの森」No.12を業者配布	2万4850枚	
9月7日	●第5次署名提出と要請・記者会見		
9月29日	●府立大学長と懇談		
10月16日	○横田茂先生PFI学習会	19名	
10月29日・30日	○神谷潔さん写真展		
11月20日	○北山なからぎの森カフェ（第1回）	18名	
11月27日・12月4日			ワークショップ（北山エリアと植物園）（旧総合資料館跡）（共同体育館）

2023年			
1月6日	○京都新聞に意見広告を掲載する		
1月8日	○KBS京都ラジオに出演		
1月20日	○アリーナ予想図が完成		
3月8日	○統一地方選立候補予定者への公開質問状チラシを配布	2万4850枚	
3月9日	●第6次署名提出・要請と記者会見		
3月11日	●北区公園〜植物園パレード	約300名	
3月18〜22日			植物園整備に係る説明会
3月21日	○北山エリアの再開発ってどうなってるの？集会（京大吉田寮）	30名	
5月19日	●京都府へ申し入れ		
5月19日			ビルゲイツ氏からの寄贈本をきのこ文庫で発見と府が発表
5月22日			MBS毎日放送「憤マン」で放映
7月1日	○植物園・北山エリアを思う七夕バザー	45名	
7月29日	●報告・交流集会「府立植物園・北山エリアの今」	120名	

11月8日	●記者会見・第7次署名提出、要請		
12月18日	○市長選立候補予定者への公開質問状チラシ配布開始	2万4400枚	
12月22日	●旧総合資料館跡地について京都府に要請		
2024年 3月4日	●旧総合資料館跡地暫定利用について申し入れ		
3月14日			府議会で知事がアリーナは向日町競輪場に建設すると表明
3月30日	○署名集め（最終第128回）	63名	
5月25日	●学習・報告集会「京都府立植物園・北山エリアの未来に向けて」	230名	
7月8日			第4回旧総合資料館跡地等の活用に係る意見聴取会議
9月29日		約70名	旧総合資料館跡地の開発構想に関する説明会（日本リグランド社主催）
12月5日	○なからぎの森の会（第92回）		

執筆者　五十音順　**○共同代表・世話人**　**＊世話人**

○鯵坂　学　　はじめに、第一章、第六～九章
五十嵐尤二　　第七章
＊磯見吉勝　　第二章、第七章
＊内苑聖司　　第二章、第七章、第一〇章
＊梶山耕一　　第七章コラム
金子明雄　　第七章コラム
京都府立大学生　　第七章コラム
小菅正夫　　第七章コラム
○齊藤　孝　　グラビアページ、第三～四章
＊斉藤真奈美　　第四章
○佐々木佳継　　第七章、第一〇章
＊静永鮮子　　第七章、第一〇章
＊高原正興　　第七章、第九章、おわりに
瀧本正史　　第七章
○都築澄子　　第三～七章、第一〇章、京都府立植物園・北山エリアをめぐる動き
＊中津西元めぐみ　　第一〇章
中村久美　　第一〇章
西原昭二郎　　第七章コラム
辺谷本圭祐　　第七章コラム
松谷　茂　　第七章コラム
水渕万智子　　第一〇章
光永敦彦　　第七章
森　吉治　　第六章
○吉澤喜代一　　序章、第五章、第七章、第一〇章

こうして京都府立植物園は守られた

市民が開くコモンズの未来

2025 年 4 月 15 日　初版発行
2025 年 5 月 20 日　第 2 刷発行

編著者―© なからぎの森の会
発行者―田村　太郎
発行所―株式会社かもがわ出版
〒 602-8119　京都市上京区出水通堀川西入亀屋町 321
営業　TEL：075-432-2868　FAX：075-432-2869
振替　01010-5-12436
編集　TEL：075-432-2934　FAX：075-417-2114
印刷―シナノ書籍印刷株式会社

ISBN978-4-7803-1372-7　C0036